全国高等农林院校"十三五"规划教材

牧草与草坪草育种学
实验实习指导

MUCAO YU CAOPINGCAO YUZHONGXUE SHIYAN SHIXI ZHIDAO

伏兵哲　主编

中国农业出版社
北　京

内容简介

　　本书由全国 10 所院校从事牧草与草坪草育种科研和教学的教师结合自身实践编写而成。全书共分 4 篇 41 个实验。其中验证性实验篇包括农艺性状鉴定、品种识别、越冬（越夏）率测定、无性繁殖技术、开花习性观察、花粉生活力和萌发测定、自交不亲和性测定、杂交亲本配合力测定和雄性不育材料鉴定 9 个实验。综合性实验篇包括有性杂交技术、诱变技术、抗逆性鉴定、品质鉴定、坪用性状鉴定等 11 个实验。分子实验篇包括组织培养、远缘杂交易位系和附加系核型分析、幼胚拯救技术、DNA 和 RNA 提取技术、基因检测技术、分子标记技术、指纹图谱构建、全基因组关联分析技术、载体构建技术、基因编辑技术和基因克隆技术等 14 个实验。育种学实验实习篇包括育种计划书制订、田间规划及播种、野生牧草与草坪草引种、室内考种、试验设计和数据分析等 7 个实验。

　　同时，本实验实习指导还以二维码形式融合了很多数字资源（如文本、视频），读者可以用智能移动终端扫描观看。本书可作为草业科学和草坪科学与工程专业本科生教材，也可作为研究生和从事牧草与草坪草育种工作者的重要参考书。

编 审 人 员 名 单

主　编　伏兵哲（宁夏大学）

副主编　谢文刚（兰州大学）

　　　　张志强（内蒙古农业大学）

参　编（以姓氏笔画为序）

　　　　兰　　剑（宁夏大学）

　　　　刘香萍（黑龙江八一农垦大学）

　　　　杜利霞（山西农业大学）

　　　　张　　攀（东北农业大学）

　　　　赵丽丽（贵州大学）

　　　　高景慧（西北农林科技大学）

　　　　郭郁频（河北北方学院）

　　　　魏臻武（扬州大学）

主　审　米福贵（内蒙古农业大学）

前　言

为适应普通高等教育草业科学和草坪科学与工程专业教学改革不断深化的要求，丰富和改革实验实习教学内容，增强学生的实践能力，提高创新意识和综合素质，组织编写了《牧草与草坪草育种学实验实习指导》一书。

本书根据牧草与草坪草育种学教学大纲，结合编者多年教学经验与科研成果精心编写而成，内容丰富，既有简单的验证性实验，又有综合性实验内容；既有常规育种实验，又有分子育种实验内容；既有实验室实验，又有田间实习内容。各院校在教学中可根据本校教学实际情况，合理安排实验实习，选择其中部分内容作为必做实验实习，其他供学生创新实验实习和开放实验实习选做，以增强学生专业兴趣，提升实践能力。同时，本书也可作为研究生和从事牧草与草坪草育种工作者的重要参考书。

本书编写得到了宁夏大学草学一流学科的大力资助以及宁夏大学谢应忠和马红彬教授的支持和帮助。内蒙古农业大学米福贵教授在教材编写和审稿环节提出了宝贵的意见和建议。本书编写还得到了其他许多人的支持，不一一指出。在此表示衷心感谢！

由于本书涉及的实验实习内容较多，既有常规育种技术，又有分子育种技术，加之编写人员水平有限、编写时间较紧，难免会有不当之处，敬请读者提出宝贵意见，以便进一步修改和补充。

编　者
2020 年 10 月于银川

目　录

前言

第一篇　验证性实验

第二篇　综合性实验

第三篇 分子实验

第四篇 育种学实验实习

第一篇 | DIYIPIAN

验证性实验

实验 1　牧草与草坪草种质资源农艺性状鉴定

一、实验目的

农艺性状鉴定和种质材料筛选是牧草与草坪草育种的重要工作，通过对野生或引进牧草与草坪草种质材料农艺性状的鉴定和评价，掌握种质资源农艺性状鉴定技术，培养良好的田间实践操作技能，为育种项目中开展目的性状的准确筛选奠定基础。

二、实验原理

根据野生或引进牧草与草坪草种质筛选的目标性状，按照育种目标的农艺性状具体指标要求进行实验设计及操作。

三、实验材料与用具

1. 材料　2～3 年生初花期豆科、禾本科牧草与草坪草。

2. 用具　烘箱、游标卡尺、3 m 卷尺、电子天平（精度 0.01 g）、剪刀、样品袋、计算器等。

四、实验内容

1. 豆科牧草与草坪草农艺性状鉴定。
2. 禾本科牧草与草坪草农艺性状鉴定。

五、实验方法与步骤

（一）豆科牧草与草坪草

以苜蓿为例，每个测定项目选取 5～10 株，取均值。主要测定的农艺性状为：

1. 株高（绝对株高）　从根颈处量至植株顶部茎尖。

2. 分枝数　主枝数（一级分枝）以单株基部着生的枝条个数计数；侧枝数（二级分枝）以全株主枝上生长的枝条数计数。

3. 节间数　要求计数植株主枝及全部侧枝的节间数（以大于 1 cm 进行计数）。

4. 主枝长度　植株基部至第一花序的长度。

5. 侧枝长度 植株主枝上所有侧枝平均长度。

6. 茎粗 主枝基部第一节中点直径的平均值。

7. 单株干鲜重 单株地上部分刈割后称重取均值为单株鲜重；105 ℃杀青 30 min，65 ℃下烘 24 h，称重为单株干重。

8. 茎叶比 刈割地上部分，将茎、叶（花归入叶）分开后于 105 ℃杀青 30 min，65 ℃下烘干至恒重，二者之比即为茎叶比。

9. 花序长 可带梗和不带梗进行测量。

（二）禾本科牧草与草坪草

以多年生黑麦草为例，每个测定项目选取 5～10 株，取均值。主要测定和对比的农艺性状为：

1. 株高 测量绝对株高，测定方法与豆科牧草相同；测量主茎旗叶节以上长度。

2. 分蘖数 总分蘖＝有效分蘖（成熟期抽穗且结实 10 粒以上）＋无效分蘖（成熟期无穗或抽穗后结实不足 10 粒）。

3. 生长速度测定 分别于拔节期、孕穗期、开花期测量植株主茎的绝对高度，计算其生长速度。

4. 旗叶叶面积 用叶面积仪测定主茎旗叶叶面积（S）或量取主茎旗叶叶长（L）、叶宽（d）及叶长中点处叶宽（m）。

5. 穗长 量取有效分蘖枝上穗基部至顶部（去芒）的值。

6. 穗宽 量取有效分蘖枝上穗中点处的宽度值。

7. 茎叶比 留茬 5 cm，刈割地上部分，茎（包括花序）、叶（包括叶鞘）分开，烘箱内杀青 30 min，65 ℃下烘干至恒重，二者之比即为茎叶比。

8. 茎粗 用游标卡尺测量主茎基部第一节直径，取平均值。

9. 株幅（冠幅） 单株初花期地上部分的最大宽度。

10. 单株干鲜重 测量方法同豆科牧草。

六、实验结果与分析

对测量指标进行显著性检验，并进行以下计算：

1. 计算茎叶比 茎叶比＝$\dfrac{\text{茎重（kg）}}{\text{叶重（kg）}} \times 100\%$。

2. 计算主茎旗叶叶面积 $S=\dfrac{L \times d}{1.2}$ 或 $S=0.8\, m \times L$。

3. 计算株高指数 株高指数＝$\dfrac{\text{旗叶节以上长度}}{\text{株高}}$。

七、讨论

1. 根据育种目标性状，说明所测量种质的农艺性状指标与产量间的关系。
2. 对比主栽品种，测量种质哪些优良性状？

（高景慧）

实验 2　常见牧草与草坪草品种识别

一、实验目的

观察和了解主要牧草、草坪草的品种特性。熟悉牧草与草坪草不同品种在田间的农艺性状表现。学习豆科、禾本科和其他科牧草的田间农艺性状和生产性能测定的方法。了解栽培牧草与草坪草品种 DUS 特性测定的基本方法。学会利用不同牧草与草坪草品种的形态学特征和农艺性状，认识和区分牧草、草坪草的代表性品种。

二、实验原理

根据植物分类学知识识别物种、鉴定名称，阐明物种之间的亲缘关系。植物分类的基本单位是种，根据亲缘关系把共同性比较多的一些种归纳成属。种以下的分类等级则根据该类群与原种性状的差异程度分为亚种、变种和变型。品种是指经过人工培育而形成的遗传性状稳定、农艺性状大致相同、满足生产需要的群体。植物品种一般应具有特异性（distinctness）、一致性（uniformity）、稳定性（stability）3 个基本属性，简称 DUS 特性。特异性是指植物新品种应当明显区别于在递交申请以前已知的植物品种；一致性是指植物新品种经过繁殖，除可以预见的变异外，其相关的特征或者特性一致；稳定性是指植物新品种经过反复繁殖后或者在特定繁殖周期结束时，其相关的特征或者特性保持不变。品种 DUS 测定是新品种测试的内容，根据特异性、一致性和稳定性的实验结果，判定测试品种是否属于新品种，为植物新品种审定和保护提供可靠的判定依据。

三、实验材料与用具

1. 材料　常见的牧草与草坪草来自牧草试验基地的不同种属、不同生活年限的豆科、禾本科或其他科牧草与草坪草。试验小区设计采用随机区组设计，种植方式为单株种植。每个品种种植 30 株，每个品种 3 次重复。株行距为 50 cm×100 cm。常规田间管理，及时浇水施肥和中耕除草，以保证植株正常生长发育。豆科牧草与草坪草在孕蕾期和初花期测定表型性状，禾本科牧草与草坪草在开花期和乳熟期选取长势均匀、穗部发育一致的单株测定表型性状。

2. 用具　卷尺、标签、剪刀、镰刀、放大镜、镊子、塑料袋、线绳、塑封带、电子天平、铅笔等。

四、实验内容

1. 牧草与草坪草品种农艺性状的测定。
2. 牧草与草坪草品种 DUS 测定。
3. 常见牧草与草坪草品种的识别。

五、实验方法与步骤

（一）牧草与草坪草品种农艺性状的测定

豆科和禾本科牧草与草坪草农艺性状的测定方法参照实验 1，测定指标主要包括：①生育期；②株高；③分枝（分蘖）数；④产草量；⑤茎叶比；⑥种子性状。

（二）牧草与草坪草品种 DUS 测定

测定指标主要有株高、分蘖数、茎粗、节间长、节间数、叶长、叶宽、小花数、穗长、籽粒千粒重等性状。实验所有指标均以单株为单位测量，在牧草与草坪草开花期之后生育期均可进行观测。

对数量性状测定数据进行统计分析，计算各性状的变异范围和变异系数。根据株型可以有效判断品种植株的整体形态，以此鉴别不同的品种。

（三）常见牧草与草坪草品种的识别

1. 常见燕麦品种

（1）甜燕麦　甜燕麦为一年生禾本科燕麦属植物，草籽兼用型，青藏高原常用品种。幼苗直立，叶绿色。株高 100～120 cm，茎粗约 0.45 cm，叶长 25～38 cm、叶宽 1.3～1.7 cm。穗型为侧穗型，穗轴基部常弯曲，长串铃，穗大粒多，结实率高，穗长 20～25 cm，主穗铃数 30～40 个。种子带浅黄色皮，纺锤形，千粒重 30～35 g。晚熟，耐寒。在甘肃天祝藏族自治县金强河高山草原定位试验站生育期约 130 d。茎叶柔软，适口性好。乳熟期全株干物质中含粗蛋白质 12.1%，粗脂肪 2.3%，粗纤维 36.5%，无氮浸出物 42.3%，粗灰分 6.8%。

识别要点：田间取甜燕麦单株，观察籽粒性状为皮燕麦。植株叶片为深绿色。植株高度一般在 100～120 cm。穗型为侧穗型，籽粒纺锤形，大粒，千粒重 30～35 g。

（2）蒙饲燕 1 号　蒙饲燕 1 号为裸燕麦。幼苗半直立，叶片为深绿色，植株蜡质层较厚。植株较高，一般在 120～160 cm，平均为 143.7 cm；平均分蘖数 3.1 个，平均有效分蘖数 2～3 个。周散穗型，穗长 24.8 cm，短串铃，穗铃长 4.3 cm，穗铃数 24 个，穗粒数 56 个，穗粒重 1.44 g。籽粒纺锤形，大粒，千粒重 27.7 g。生育期在 100 d 左右，属晚熟品种。

识别要点：田间取蒙饲燕 1 号单株，观察籽粒性状为裸燕麦。植株叶片颜色为深绿色。植株高度一般在 120～160 cm。穗型为周散穗型，籽粒纺锤形，大粒，千粒重 27.7 g。

2. 常见苜蓿品种

(1) 草原 4 号 草原 4 号为通过轮回选择法育成的抗蓟马苜蓿新品种，植株直立，株高在 50～85 cm。根系发达，主侧根明显、具有水平生长的根及根蘖，根颈直径为 1.2～2.5 cm，根颈膨大，其上密生许多幼芽。茎直立或斜生，茎粗 0.4～1.2 cm，多为深绿色，少有棕紫色，分枝多。叶为三出复叶，椭圆形，中叶较大、侧叶长椭圆形，叶表面柔毛粗硬、柔毛密度每平方毫米约 68 个，柔毛长度 542～628.8 μm，粗度 14.4～18.6 μm，交叉分布。花为总状花序，花序长 1.8～5.0 cm，每个花序有 20～35 个小花，花冠为紫色或深紫色。荚果多为螺旋形 2～3 圈，少数为镰刀形，表面光滑、有脉纹，每荚含种子 2～9 粒。种子肾形或椭圆形，黄褐色，陈旧种子深褐色，千粒重 1.9～2.4 g。

识别要点：田间条播苜蓿随机取样，观察植株株型直立。三出复叶，根系发达，有水平生长的根蘖。叶表面有柔毛。花为总状花序，每个花序有 20～35 个小花，花冠为紫色或深紫色。荚果多为螺旋形 2～3 圈，种子肾形或椭圆形，黄褐色，千粒重 1.9～2.4 g。

(2) 淮阴苜蓿 淮阴苜蓿属极早熟品种，适应南方湿热环境条件，返青早，早期生长快，为适应长江中下游地区的地方品种。茎直立，少数斜生。叶片较晋南苜蓿、关中苜蓿大，叶面积 2.74 cm^2。花深紫色。荚果多为螺旋形 2～3 圈，每荚含种子 4～6 粒。种子肾形，黄褐色，千粒重 2.3 g 左右。在长江中下游夏季高温伏旱的丘陵平原、较酸瘠的红黄壤、沿海含盐分较高的土地上，淮阴苜蓿生长发育快，再生性好，干物质产量高，越夏率高。

识别要点：田间条播苜蓿随机取样，观察植株株型直立。株高 110 cm。花期早，三出羽状复叶，返青早，早期生长快。花深紫色，荚果多为螺旋形 2～3 圈，每荚含种子 4～6 粒。种子肾形，黄褐色，千粒重 2.3 g 左右。

(3) 龙牧 808 龙牧 808 为高纬度地区品种，株型直立，株高 100～140 cm。直根系，根系发达。茎多四棱形，绿色或红紫色。三出羽状复叶，叶片长卵圆形，长 2～3 cm，叶缘有锯齿、无毛。总状花序腋生，由 15～30 个小花组成，蝶形花冠，花色为深浅不同的紫色。荚果螺旋状卷曲 2～4 圈，每荚含种子 4～8 粒。种子肾形，浅黄色，千粒重 2.4 g 左右。龙牧 808 干草产量 10 463.5～12 994.5 kg/hm²。

识别要点：田间条播苜蓿随机取样，观察植株株型直立。株高 100～140 cm。茎多四棱形，绿色或红紫色。总状花序腋生，荚果螺旋状卷曲 2～4 圈，每荚含种子 4～8 粒。种子肾形，浅黄色，千粒重 2.4 g 左右。

3. 常见多花黑麦草品种

（1）特高　特高为常见多花黑麦草品种，常作为保护播种的草坪草品种。须根系发达，常在土表形成白色的气生根。茎秆粗壮，直立，高 110～120 cm。叶片光滑浓绿，长约 40 cm，宽约 1.1 cm。穗状花序长 20～30 cm，小穗约 38 个，单个小穗长 10～32 mm。种子具短芒，披针形，长 0.6～0.8 cm，千粒重 2.8～3.5 g。该品种苗期生长快，分蘖数多达 80 个左右；植株高大，株型紧凑；叶多而柔软，叶片宽长；耐牧，耐刈割；产量高，鲜草产量达 75～105 t/hm²，品质好，适口性佳。喜温暖湿润的气候，耐寒性中等，不耐旱，抗病虫害能力强。适应广东、四川、江西、福建、广西、江苏等地，用作冬种青绿饲料。

识别要点：苗期生长快，分蘖数多，须根系发达，常在土表形成白色的气生根。茎秆粗壮，直立，高 110～120 cm。叶片光滑浓绿。穗状花序长 20～30 cm。种子具短芒，披针形，千粒重 2.8～3.5 g。

（2）长江 2 号　长江 2 号是四倍体多花黑麦草品种。大粒，宽叶，根系发达致密，分蘖多，茎秆粗壮，直径 0.4～0.6 cm，圆形，高可达 165～180 cm。叶片长 35～45 cm，宽 1.5～2.0 cm，叶色较深，叶量大。花序长 35～50 cm，每穗小穗数可多至 42 个，每小穗有小花 16～21 朵。芒长 5～10 mm。种子千粒重 2.5～3.5 g。生育期 229～236 d，再生力强，抽穗成熟整齐一致。耐瘠、耐酸、耐寒、耐热，抗病性强，适应性广，各种土壤均可种植。产量高、品质好，鲜草产量可达 150 t/hm²，种子产量 2.0～2.5 t/hm²。

识别要点：叶片宽，根系发达致密，分蘖多，茎秆粗壮。再生力强，抽穗成熟整齐一致。芒长 5～10 mm。种子千粒重 2.5～3.5 g。

六、作业

搜集常见的豆科牧草、禾本科牧草与草坪草审定品种，与国外进口品种进行比较。

（魏臻武）

实验 3 多年生牧草与草坪草
越冬率、越夏率测定

一、实验目的

通过本实验，使学生了解多年生牧草与草坪草越冬率或越夏率的含义及其测定的必要性，掌握越冬率或越夏率测定的一般方法。

二、实验原理

多年生牧草与草坪草能否安全越冬，是关系它能否在寒冷地区生存及利用的首要问题。多年生牧草和草坪草在南北转型带（北纬 37°，约 300 km 宽的地带）及其以南的亚热带地区的夏季又会面临能否安全越夏的问题，也是其在该类地区推广利用的主要限制因素。因此牧草与草坪草的越冬率及越夏率测定是在冬季寒冷地区及夏季炎热地区进行引种和品比鉴定的重要项目。同时在牧草与草坪草育种中，多年生牧草与草坪草越冬率、越夏率测定可区别多年生牧草与草坪草不同种或品种间的越冬率、越夏率高低，为选出抗寒性强、越夏率良好的原始材料和育成品种提供科学依据。

三、实验材料与用具

1. 材料　原始材料圃的豆科、禾本科牧草与草坪草。
2. 用具　铅笔、记录本、铁锹、小铲、卷尺等。

四、实验内容

1. 多年生牧草越冬率或越夏率测定。
2. 多年生草坪草越冬率或越夏率测定。

五、实验方法与步骤

(一) 多年生牧草越冬率或越夏率测定

1. 多年生牧草越冬率测定　多年生牧草越冬率通常于次年春季在田间进行测定。在牧草开始返青 2 周内，每品种（品系）随机选取 1 m 长的样段 3～5 个（条播）或 0.5 m² 样方 3～5 个（撒播），在选好的样段或样方上，用铁锹、小铲取掉植株周围的土，露出根部，并使各植株之间彼此分离以便计数。

越冬率的计算方法为：

越冬率＝返青植株数/植株总数×100％

检查存活植株（返青植株）数和死亡植株数，两者之和为植株总数，然后计算越冬率。统计时将那些长出绿叶、新芽或幼芽突起以及虽然没有幼芽萌发，但根部颜色正常，没有腐烂变色，根部细嫩光滑的归于存活植株。将根部腐烂发黑，没有新芽发生的归于死亡植株。

2. 多年生牧草越夏率测定 多年生牧草越夏率可在当年的夏初 5 月和秋季的 9 月分 2 次进行测定。测定时，每品种（品系）随机选取 1 m 长的样段 3～5 个（条播）或 0.5 m² 样方 3～5 个（撒播），在选好的样段或样方上，用铁锹、小铲取掉植株周围的土，露出根部，并使各植株之间彼此分离以便计数。

越夏率的计算方法为：

越夏率＝第 2 次测定的植株存活数/第 1 次测定的植株存活数×100％

检查存活植株数，然后计算越夏率。统计时将那些地上部分仍保持绿色的归于存活植株。将地上植株枯死，没有新芽发生的归于死亡植株。

（二）多年生草坪草越冬率或越夏率测定

草坪草的越冬率、越夏率测定与牧草不同，根据当地入冬前与返青后或根据当地最炎热的季节之前与之后估测的草坪盖度目测值来计算越冬率或越夏率。入冬前或当地最炎热季节之前，每品种（品系）随机选取 1 m² 样方 3～5个，目测样方内草坪盖度，做好记录，保留样方。待第 2 年返青后或当地最炎热的季节之后再次测定该样方草坪盖度，根据下式计算越冬率或越夏率。

越冬（夏）率＝越冬（夏）后草坪盖度/越冬（夏）前草坪盖度×100％

六、实验结果与分析

计算本组越冬率或越夏率测定结果。

七、讨论

结合其他小组测定结果，综合分析各品种越冬率或越夏率，比较不同品种越冬率或越夏率差异。

文本：紫花苜蓿越冬率测定 （刘香萍）

实验 4　牧草与草坪草无性繁殖技术

一、实验目的

掌握牧草与草坪草无性繁殖技术的原理和方法。

二、实验原理

无性繁殖指未经过精卵细胞的结合而仅通过营养器官进行繁殖的方式。同一植株无性繁殖的后代称为无性系，它能完全保留母本植株的基因型。常用于无性繁殖的营养器官有根、茎、叶、分蘖等。但以豆科牧草与草坪草的茎和禾本科的分蘖最为常用。因为豆科牧草与草坪草的茎数量较多，可以同时扦插很多单株而不损伤母株；禾本科牧草与草坪草有较多分蘖，一个小的分蘖就能长成一个单株。牧草与草坪草无性系的建立是牧草与草坪草育种的重要内容，对于培育自交系、自交系配合力测定、优良个体的大量扩繁、保存和选配杂交种等工作具有重要意义。

三、实验材料与用具

1. 材料　用于建立无性系的豆科和禾本科牧草与草坪草成熟植株。

2. 用具　锄头等整地工具、剪刀、米尺、水桶、喷壶、塑料薄膜等。

四、实验内容

1. 豆科牧草与草坪草无性繁殖技术。

2. 禾本科牧草与草坪草无性繁殖技术。

五、实验方法与步骤

（一）豆科牧草与草坪草无性繁殖技术

1. 材料的选择　研究表明牧草与草坪草开花以后扦插，成活率逐渐降低。从植株生长发育状况来看，春季返青后株高达 30 cm 左右的枝条即可扦插。如苜蓿扦插的最适宜时期是孕蕾前期，这时扦插成活率很高，而且能繁殖较多的数量。

2. 苗床准备　扦插苗床以大田土壤作床土。根据扦插目的的不同，苗床面积不同，单株的间隔距离也不同。一般的扦插实验可选择 1 m×1 m 的小面积苗床，大面积的杂交育种无性系准备可以选取条播的方法扦插。

扦插前要精细整地，苗床应低于地面 4 cm，以便浇水保墒，扦插前应先灌足水分。豆科牧草如苜蓿，根部有大量根瘤菌，能固定空气中的游离氮素，因此在一般情况下不施氮肥，只有在苜蓿幼苗期，根瘤菌尚未形成前施少量氮磷肥，或者只施磷肥作为种肥，促进幼苗的生长发育。

3. 枝条选择 由母株基部剪取的枝条，需要修整后再扦插。每个插条要求在其顶端保留一个叶节。插条的长度不限，视品种的节间长度而定，一般一个插条约为 5 cm 长，个别可达 10 cm，短的 2～3 cm，均可以成活，苜蓿大概5 cm 左右。每个枝条应在叶节的上部靠近节的地方来剪取，剪掉小叶，保留托叶内的腋芽，下端剪成斜面以利于扦插，增大茎干与土壤接触面积以便吸水（图 4 - 1）。将剪好的插条放在盛满水的水桶或塑料盆中备用。

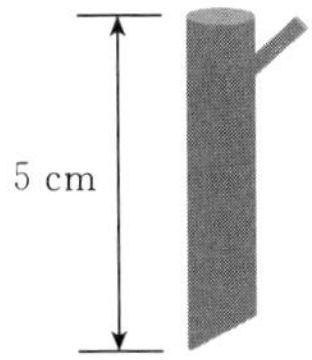

5 cm

图 4 - 1 豆科牧草与草坪草扦插枝条示意图

4. 扦插 将准备好的插条插入土中，叶节留在齐地面处，上端带腋芽的部分紧贴土表，株距 2～5 cm。全部插条插完后，浇透水 1 次。如在 4 月底到 5 月初扦插，每个苗床扦插后应随即盖上塑料薄膜以保持湿度。如在 5 月底到 6 月初扦插，不需覆盖塑料薄膜，如果覆盖反而会引起幼苗死亡，可覆盖少量秸秆等以减少水分蒸发。

5. 插后管理 应每天给苗床浇水 1 次，保持其湿度，10 d 左右观测扦插成活率。在生长季节中光和温度不需特殊调节，自然状态可满足插条幼苗生长的需要。扦插 4 周后，茎条开始生根，地上部分可达 10～15 cm，植株开始独立生活。

（二）禾本科牧草与草坪草无性繁殖技术

1. 材料的选择 在禾本科牧草与草坪草的分蘖至拔节期选取健康植株，一个单株的分蘖数变异较大，少则几个，多则上百个，每个分蘖可以作为一个无性繁殖材料。为减少水分蒸发，可用剪刀剪去上部叶片。

2. 苗床准备 根据实验目的设计合理的试验小区面积，精细整地，施足基肥。

3. 移栽 将分蘖苗分行种植，行距 50 cm，株距 10～30 cm。

4. 田间管理 移栽完成后浇透水，之后每天浇 1 次水，如在 6—7 月移栽，适当用遮阳网遮阴，减少水分蒸发。

六、实验结果与分析

1 周以后统计扦插和分蘖植株的成活率及幼苗生长情况，并记录于表 4 - 1。

表 4 - 1   牧草与草坪草无性繁殖成活率统计

材料编号	扦插/分蘖植株数（株）	成活植株数（株）	成活率（%）	生根数	叶片数

七、讨论

分析豆科牧草与草坪草茎秆扦插死亡的原因。

文本：紫花苜蓿扦插技术

（谢文刚）

实验5　牧草与草坪草开花习性观察

一、实验目的

观察牧草与草坪草开花习性，主要是了解牧草与草坪草的开花时间、开花动态及其授粉类型，为杂交育种及人工辅助授粉提供依据。

二、实验原理

不同牧草与草坪草开花习性和授粉方式不同，如有的是风媒花、有的是虫媒花；开花所需的天气条件不同，开花时间长短不等。因此，开花习性的观察可以作为品种识别、制订杂交计划的主要依据，掌握不同牧草与草坪草的开花习性能指导杂交育种工作顺利进行。

三、实验材料与用具

1. 材料　选择紫花苜蓿、红豆草、红三叶、冰草、无芒雀麦、高羊茅等常见的豆科、禾本科牧草与草坪草。

2. 用具　田间记录本、铅笔、放大镜、镊子、剪刀、干湿球温度计、标签、量角器、牛皮纸袋。

四、实验内容

1. 牧草与草坪草开花时间的观察。
2. 牧草与草坪草开花动态的观察。
3. 牧草与草坪草授粉方式的观察。

五、实验方法与步骤

（一）牧草与草坪草开花时间的观察

1. 开花期、开花持续期的观察方法　在栽培试验小区内选择抽穗（现蕾）的花序100个，挂牌标记，逐日记载已开花的花序数及其日期，直到挂牌的花序全部开花为止。观察完毕后，通过开花的起始和结束时间，得出开花持续期；同时统计每日开花的花序数占观察总花序数的百分比，以了解牧草与草坪草群体的开花动态及开花的整齐度（记录于表5-1）。

2. 一日开花时间的观察方法　在试验小区中选取10个刚抽穗（现蕾）的

花序，挂牌标记，花期时，连续 3 日从早至晚，每间隔 1 h 统计一次各花序已开花的小花数及 10 个花序所有花的总和。观察完毕后，随即用剪刀剪除已开放的小花，并记录开花期间的温度和湿度。3 日后，统计在 3 日不同时间内的开花总数，计算其百分比，并绘图表示，了解一日开花起止时间及大量开花时间与天气状况的关系（记录于表 5-2）。

3. 小花开放持续时间的观察方法 在一日内的开花高峰时期，选取 5～10 朵即将要开放的小花（禾本科标准：在阳光下外稃略呈透明状、隐约可见花药。豆科标准：旗瓣要张开，翼瓣包裹龙骨瓣），挂牌标记。此后对每一小花的开放进行持续观察，了解其开放情况（禾本科：由内外稃开始张开到雄蕊露出、花药下垂、散粉，直至内外稃完全闭合情况。豆科：由旗瓣张开到翼瓣展开、龙骨瓣露出、花粉散出，直至花瓣闭合情况），并分别记录下各开花过程所需的时间（以分钟计算）以及各过程中内外稃开张的角度，最后统计小花开放所持续的时间（记录于表 5-3）。

（二）牧草与草坪草开花动态的观察

1. 开花顺序的观察方法 牧草与草坪草开花是按一定规律进行的。一个花序上的小花自下而上，或自上而下开放，或是从中部小花开始向上、向下同时开放，其开花时间的不同，对种子成熟的一致性及饱满度有很大影响。

观察开花顺序时一般采用图式法，即在抽穗期（现蕾期）选取所观察牧草与草坪草的 10 个花序，挂牌标记。在纸上绘出每一花序的开花图式（图 5-1）。图中自下而上以 1、2、3…19 代表花序的各个小穗（小花）数，小圆圈代表小穗上的小花。每小穗基部近穗轴的小花是小穗的第 1 朵花，接着是第 2 朵花、第 3 朵花……考虑到牧草与草坪草白天、夜间均有开花的可能，因此，从 00:00—24:00，每隔 2 h 观察一次，并在图式上注明已开的花及日期（日/月）。为清楚起见，可仿照图式把同一天开放的花用线连接起来。开花全部结束后，确定每个花序和花序上小穗（小花）的开放顺序及开花时间的长短。

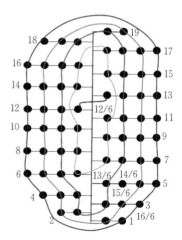

图 5-1 牧草与草坪草开花顺序示意图

2. 小穗开花动态的观察方法 在草群中分布均匀地选取 5 个花序，挂牌标记，按照花序开花动态的观察方法进行小穗的观察。每一个花序上从上到下选择 6 个（上、中、下各 2 个）小穗标记，观察记录每小穗上小花的开花顺序。记录完毕后，要用剪刀剪去已开放的小花的雄蕊，直至 5 个花序开花完毕，统计 5 个花序上小花的开花动态。

（三）牧草与草坪草授粉方式的观察

在植株群体大量抽穗后但尚未进入开花期时，从中均匀地选取 100 个花序，用牛皮纸袋（或硫酸纸袋）套袋隔离，使其自花授粉，其余未套袋的花序做自由授粉处理。待全部植株开花完毕后，取下纸袋，挂牌标记。种子成熟后，将套袋的花序取下，并取同等数量的自由授粉花序，分别统计上述两种花序一穗或总穗数的小花数，然后分别脱粒，统计出结实种子数，得出该种牧草或草坪草自交和异交结实率（记录于表 5-4）。

（四）注意事项

1. 样地选择 样地要有典型性，密度适宜，生长发育良好。一般以在 2 m×5 m 的试验小区内选择 10 个花序为宜，挂好标签，写好日期。

2. 开花标准 豆科牧草与草坪草开花标准：以旗瓣向外开展，龙骨瓣露出翼瓣之间为准。禾本科牧草与草坪草开花标准：以外稃向外张开一定角度，柱头露出、花药下垂为准。

3. 开花时期观察的选择 一年生牧草与草坪草可于播种当年进行观察，多年生牧草与草坪草以生长第二年观察为宜，因为这个时期牧草与草坪草生长旺盛、枝叶繁茂，开花最为正常。

4. 观察时天气的选择 气候对牧草与草坪草开花的影响很大。一般选择晴朗天气开花旺盛时期进行观察，但为了了解植物开花的整体情况，综合分析天气对开花习性的影响，可选择在不同的天气条件下进行开花观察，同时要记录温度、湿度、光照度、天气状况如风、雨或阴天等。

六、实验结果与分析

表 5-1 每日的开花强度统计表

日期	花序号（总小花数）					开花总花数	开花百分数
	1（ ）	2（ ）	3（ ）	…	100（ ）		
第 1 天							
第 2 天							
第 3 天							
⋮							

表 5-2 一昼夜开花强度统计表

日期	花序号（总小花数）					开花总花数	开花百分数	温度（℃）	相对湿度（%）
	1（ ）	2（ ）	3（ ）	…	10（ ）				
第 1 天 00:00—1:00									
第 1 天 1:00—2:00									
第 1 天 2:00—3:00									
⋮									
第 3 天 23:00—24:00									

表 5-3 小花开放时间（min）统计表

状态	小花序号							内外稃张开角度（旗瓣张开）
	1	2	3	4	5	…	10	
内外稃开始张开（旗瓣张开）								
雄蕊露出（翼瓣展开）								
花药下垂（龙骨瓣露出）								
散粉（花粉散出）								
内外稃开始闭合（花瓣开始闭合）								
内外稃完全闭合（花瓣完全闭合）								
总计								

表 5 - 4 植物授粉方式统计表

		花序号				平均
		1	2	...	100	
套袋	结实种子数					
	总小花数					
	结实率					
不套袋	结实种子数					
	总小花数					
	结实率					

七、讨论

1. 每组写一篇供试牧草或草坪草开花习性的观察报告。

2. 根据你所观察的牧草或草坪草的开花习性，对该草种的杂交或授粉给出你的建议或意见。

视频：禾本科开花习性观察

（杜利霞）

实验6　牧草与草坪草花粉生活力和花粉萌发测定

一、实验目的

通过花粉镜检，了解花粉的生活力以及花粉在柱头上的萌发情况，为杂交育种提供细胞学依据，使学生掌握进行该类实验的基本方法和操作技能。

二、实验原理

（一）花粉生活力测定原理

花粉活力的强弱是植物有性杂交能否成功的重要影响因素，而花粉生活力有无又是花粉败育型雄性不育系的主要因素；花粉能否萌发是能否受精的前提。因此，植物花粉生活力及花粉萌发的测定，是进行有性杂交育种和雄性不育系鉴定的基础工作。

测定花粉生活力的方法较多，有直接法（检查人工授粉结实率）、培养基发芽法、花粉鉴定法以及化学试剂染色法等。化学试剂染色法原理如下：

1. I_2-KI 染色原理　I_2-KI 溶液与淀粉作用形成碘化淀粉，呈蓝色的特殊反应。正常花粉呈圆球形，并积累淀粉较多，通常可用 I_2-KI 染成蓝色；发育不良的花粉常呈畸形，不积累淀粉，用 I_2-KI 染色，不呈蓝色，而呈黄褐色。

2. 醋酸洋红染色原理　醋酸洋红是一种比较常用的碱性染料，常用于细胞核染色、染色体的固定和染色。醋酸洋红染色靠花粉中的脱氢辅酶而染色，正常花粉呈圆球形，物质积累较多，对醋酸洋红的吸附作用和亲和力强，易被染成深红色；发育不良的花粉常呈畸形，醋酸洋红染色成淡粉色或无色。

3. 联苯胺-甲萘酚染色法（Wapgakof 法）　具有生活力的花粉均含有活跃的过氧化氢酶。在过氧化氢酶的作用下由过氧化氢游离出活性氧，使各种多酚及芳香族胺发生氧化而产生颜色，依据颜色可知花粉有无活性。具生活力的花粉被染成红色，而无生活力的花粉则着色很浅或几乎不着色。

4. TTC 染色原理　2，3，5-三苯基氯化四氮唑（TTC，也称红四氮唑）的氧化状态是无色的，有生活力的花粉由于呼吸作用产生的氢能使 TTC 还原成红色的 TTF（三苯基甲䏡），因此呈现红色；而无生活力的花粉没有呼吸代谢活力，TTC 不被还原，因而不着色。所以，可根据着色深浅来判断花粉有无生活力。

（二）花粉萌发原理

花粉成熟以后落到柱头上，经柱头蛋白识别后，提供黏液物质，就会刺激花粉萌发，形成花粉管。许多植物的花粉可以在培养基上萌发，长出花粉管。培养基为花粉萌发提供碳水化合物，最常用的是蔗糖。

三、实验材料与用具

1. 材料　主要牧草与草坪草（如紫花苜蓿、红豆草、老芒麦、冰草、早熟禾、狗牙根、红三叶等）的新鲜花粉、陈花粉及其相应植株。

2. 药品　碘化钾、碘片、冰醋酸、洋红、联苯胺、甲萘酚、碳酸钠、30%过氧化氢、氯化三苯基四氮唑（TTC）、磷酸氢二钠、磷酸二氢钾、乳酸、苯酚、甘油、棉兰、乙醇（95%、70%）、蔗糖、琼脂、蒸馏水等。

3. 用具　显微镜、解剖针、镊子、棕色滴瓶、吸水纸、凹片、载玻片、盖玻片、恒温箱、牛角勺、双面刀片、培养皿、小烧杯、小瓶、隔离纸袋、标签。

四、实验内容

1. 花粉生活力测定。
2. 花粉萌发测定。

五、实验方法与步骤

花粉采集时期要适宜，选择将要开花的花朵带回室内，取其内部的花粉。

（一）试剂配制

1. 1% I_2-KI 溶液　称取 0.5 g KI 溶于少量蒸馏水中，再加 1 g 碘片，定容至 100 mL，贮于棕色瓶中待用。

2. 1%醋酸洋红　先将 100 mL 45%的醋酸溶液放在较大的锥形瓶中煮沸，移去火苗，缓缓加入 1 g 洋红粉末，煮沸 1～2 min，放入一铁针，过 1 min 取出（或在冷却后加入醋酸铁 1～2 滴），使染色液略具铁质，静置 12 h，过滤于棕色试剂瓶中，可长期保存。

3. 联苯胺-甲萘酚　①0.20 g 联苯胺溶解在 100 mL 50%乙醇中；②0.15 g 甲萘酚溶解在 100 mL 50%乙醇中；③0.25 g 碳酸钠溶解在 100 mL 50%乙醇中；④在使用前将①②③液等量混合并存于棕色滴瓶中；⑤配制 3%过氧化氢溶液：取 5 mL 30%过氧化氢加蒸馏水稀释至 50 mL。染色时分别取④和⑤各

1 滴混合。

4. 0.5％氯化三苯基四氮唑（TTC） 先称取 0.83 g $Na_2HPO_4 \cdot 2H_2O$ 和 0.27 g KH_2PO_4 溶于 100 mL 蒸馏水中，配成 pH 为 7.17 的磷酸盐缓冲液，再称取 0.05 g 氯化三苯基四氮唑溶于新配成的 10 mL 磷酸盐缓冲液中。四氮唑液最好现配现用，如要贮存必须放在棕色瓶中，并放在阴凉黑暗处。

5. 卡诺固定液 将无水乙醇和冰醋酸按照 3∶1 的比例混合。

6. 培养基 蔗糖 10 g，0.1％硼酸数滴，加水至 100 mL，再加 2 g 琼脂，加热熔融，分装在培养皿中。

7. 乳酸-棉兰染色剂 乳酸、苯酚、甘油、水等量混合后，再在以上溶液中溶解 0.1％的棉兰。

（二）花粉生活力测定

1. 形态观察法 每组取 2 个凹片，分别选取两种供试植物的新、陈花粉，滴入半滴蒸馏水，调匀，在低倍显微镜下检查花粉形态。凡内含物充实饱满者为正常具生活力的花粉，而那些瘦小、畸形或内含物较少的花粉粒则无生活力。观察时取若干个视野，共统计 200 粒花粉的生活力情况，并绘制每种植物正常具生活力的花粉粒图。记录观察结果并统计于表 6-1。

2. 化学试剂染色法

（1）I_2-KI 染色法 每组取 2 个凹片，分别选取两种供试植物的新、陈花粉，放入凹槽内，滴入一滴 1％ I_2-KI 溶液，盖上盖玻片染色。20 min 后用低倍显微镜观察着色情况。凡着色为蓝色的为有生活力花粉粒，着色浅或不着色者则无生活力。观察时分别取若干视野统计 200 粒左右花粉的着色情况，观察结果记录于表 6-2。

（2）醋酸洋红染色法 染色、观察及统计方法与（1）方法相同（试剂换为 1％醋酸洋红），但染色时间应以 3～4 min 为宜。

（3）联苯胺-甲萘酚染色法（Wapgakof 法） 按前述方法取一种植物的新、陈花粉置于载玻片上，加入联苯胺-甲萘酚染色液，调匀，盖上盖玻片，染色 3～4 min 后在显微镜下观察，凡具生活力的花粉被染成红色，而无生活力的花粉则着色很浅或几乎不着色。观察结果记录于表 6-2。

（4）红四氮唑（TTC）染色法 染色方法同（3），只是试剂换为 TTC，在染色后置于 35～40 ℃恒温箱 15～20 min，统计方法同（1）。观察结果记录于表 6-2。

3. 直接法（人工授粉结实率检查法） 在田间，每人选 5 个禾本科牧草与草坪草的花序，开花前一天整穗，每穗选留下 5～10 朵小花，并去雄套袋；第 2 天分别用新鲜花粉及放置 2 h、4 h 和 6 h 的陈花粉授粉并套袋。结实时通过观察结实率以测定各类花粉的生活力，结果填入表 6-3。

（三）花粉萌发测定方法

1. 柱头萌发法

（1）授粉　在牧草与草坪草开花期选择健壮无病的植株，用镊子夹掉花序下部已开放的小花和上部发育不全的小花，只保留旗瓣已张开、龙骨瓣未张开、花药尚未弹出的几朵小花。用牛角勺按一下父本小花的龙骨瓣基部，花丝管下弯，花药弹出，在勺上留下小堆花粉。用同样的方法接触母体小花，使其柱头接触勺上的花粉，授粉即完成。然后套袋隔离，在标签上写明授粉的确切时间。

（2）取材固定　授粉后第 1 小时内，每隔 10 min 取样；从第 2 小时起，每隔 1 h 取样，用镊子将已授粉小花的花萼、花冠去掉，放入小瓶内用卡诺固定液固定 0.5～24 h，再移至 70%乙醇中保存。

实验时为方便起见，也可将已授粉的小花剪下，放入糖浓度为 10%的固定培养基上，随时取下柱头进行观察；也可将已授粉的小花置于空的培养皿中，皿内滴几滴水，盖上盖子以防柱头干枯，然后每隔一定时间取材观察。

（3）染色制片　先将小花置于载玻片上，去掉花萼、花冠。左手用镊子压住基部花托，右手用尖的解剖针轻轻划破花丝管，并将子房和花托剥离，用镊子轻轻取出雌蕊，去掉花丝管。将雌蕊放在载玻片中央，滴一滴乳酸-棉兰染色剂，静置 5～20 min。然后盖上盖玻片，垫上吸水纸用手轻轻往下压，使柱头、花柱和子房展平，用吸水纸吸去多余染液。

（4）镜检　将做好的玻片放在低倍镜下进行观察，可以看到柱头、花柱及败育花粉几乎透明，而有生活力的花粉及花粉管被染成天蓝色。

图片：授粉后的苜蓿柱头

注意观察花粉粒、柱头和胚珠的形态特征，并与未经染色的做比较。观察的同时按表 6-4 的要求统计出授粉后各时间段内花粉的萌发率及花粉管萌发和伸长情况，并阐明花粉在柱头上萌发的最初时间。感兴趣的同学也可统计子房中的胚珠数（统计 10 个材料，取平均数）。

2. 直接发芽法

（1）培养基准备　培养基种类与浓度对发芽率有很大影响。实验结果证明，以 2%的琼脂+10%的蔗糖培养基为最好。

（2）花粉播种　测定时可将储藏或新采集的花粉用小毛笔蘸后轻轻地均匀撒在培养基上，然后将培养基放在温度 20～22 ℃的培养箱内培养 12 h 以上再进行观察。

（3）观察　一般肉眼可以观察到花粉管生长成细细的丝状。用放大镜可以观察到花粉的活力高低，记录于表6-5。

六、实验结果与分析

1. 试验结果统计表。

表6-1 花粉形态观察结果统计表

供试植物	花粉种类	充实饱满数	畸形瘦小数	具生活力花粉的比例（%）
	新			
	陈			
	新			
	陈			

表6-2 化学试剂染色法测定花粉生活力统计表

供试植物	花粉种类	I_2-KI			醋酸洋红			联苯胺-甲萘酚			TTC		
		着色数	不着色数	着色所占比例（%）	着色数	不着色数	着色所占比例（%）	着色数	不着色数	着色所占比例（%）	着色数	不着色数	着色所占比例（%）
	新												
	陈												
	新												
	陈												

注：本表中着色指着成蓝色或红色，着色浅并入不着色数统计。

表6-3 禾本科牧草与草坪草花粉田间检验统计表

花粉种类	结实情况			
	授粉穗数	授粉小花数	结实数	结实率（%）
新鲜花粉				
放置2 h				
放置4 h				
放置6 h				

表6-4　柱头萌发法测定花粉的萌发情况

授粉后时间		柱头数	花粉粒数				
			检查数	发芽数			
				总数	萌发率（％）	花粉管伸入花柱	
						数目	萌发率（％）
0～1 h	10 min						
	20 min						
	30 min						
	40 min						
	50 min						
	60 min						
2 h							
3 h							
⋮							

表6-5　直接发芽法测定花粉的萌发情况

	花粉数	萌发数	萌发率（％）
视野1			
视野2			
视野3			

2. 绘制牧草与草坪草正常有生活力的花粉形态图及花粉萌发图。

七、讨论

1. 比较测定花粉生活力不同方法的优缺点，并根据自己实验过程提出改进方法。

2. 针对本实验中关键性步骤进行总结并对可能存在的问题进行讨论。

（杜利霞）

实验 7　牧草与草坪草自交不亲和性测定

一、实验目的

通过本实验进一步加深对自交不亲和性及其在育种中应用的理解。学习掌握花期人工控制自交测定自交不亲和性和用荧光显微镜检测自交不亲和性的方法。

二、实验原理

自交不亲和性广泛存在于植物界，如黑麦、冰草、苜蓿等中。通常表现出雌蕊排斥自花授粉的行为，如同一朵花内的花粉在雌蕊柱头上不能发芽，有的花粉管不能穿透柱头表面，或在花柱内生长缓慢，或不能到达子房，不能进入珠心，或进入胚囊后不能与卵细胞结合完成受精过程。

（一）自交测定的原理

自交不亲和性受同一基因位点上的一系列复等位 S 基因控制。当花粉具有和柱头相同的 S 基因，柱头就被激发产生胼胝质等物质，阻碍花粉发芽和花粉管发育，所以自交时不能正常受精结实，不结籽或结籽很少。当花粉具有和柱头不同的 S 基因，柱头就不会产生这种物质，可以正常结实。但是，这种阻碍花粉萌发的胼胝质等物质只在开花期的柱头上产生，如果蕾期自交或截断柱头后自交，则能够产生种子。自交不亲和性的测定分别在抽穗期和现蕾期进行套袋自交，最后根据亲和指数来判断亲和与否。

（二）荧光显微镜鉴定原理

在自交不亲和植株正开放花的柱头上，如果授予同株或同系的花粉，柱头就被激发产生胼胝质等物质，阻碍花粉发芽和花粉管发育，故不能正常受精结实，不结或结少量种子；而授予别的品种（系）的花粉时，则柱头不会被激发产生这类物质，故能正常受精结实。

胼胝质是 $\beta-1,3-$葡聚糖，通常分布于高等植物的筛管、新形成的细胞壁、花粉粒以及花粉管中，将其用苯胺蓝染色后，在紫外光激发下，可发出黄至黄绿色的荧光。因此，把授粉后用苯胺蓝染色的子房放到荧光显微镜下观察，可看到花粉在柱头上萌发、花粉管发育的状态以及胼胝质在柱头表面的沉积状况等，以此判断花粉与柱头是否亲和。

三、实验材料与用具

1. 材料　正抽穗或现蕾的黑麦草、冰草、高羊茅、苜蓿、红三叶等植株。

2. 药品　甲醛、冰醋酸、无水乙醇、普通乙醇、磷酸钾、苯胺蓝、氢氧化钠、甘油、蒸馏水等。

3. 用具　荧光显微镜、载玻片、盖玻片、镊子、铅笔、吊牌、纸袋、细铁丝、细竹竿等。

四、实验内容

1. 人工自交测定法。

2. 天然套袋自交测定法。

3. 荧光鉴定法。

五、实验方法与步骤

（一）人工自交测定法

1. 套袋隔离　每人选 3～5 株发育健壮已抽穗或现蕾的种株，每株上选 3～4 个穗或花序。将其上已开的花摘除，然后套上隔离纸袋，用细铁丝把袋口扎紧防止昆虫进入，于植株旁插一细竹竿，用绳把纸袋绑到细竹竿上保持固定，防止花序被风吹断，并在竹竿上挂牌做标记。

2. 自交授粉　套袋 2～3 d 以后，在每个穗或花序上选择 10 个左右小穗或小花，其余的小穗或小花用镊子去掉，并用剪刀把小穗去掉一部分使柱头露出，切勿伤害柱头。再用镊子取掉隔离袋内已开花的花药，把花粉同时抹到已开的花和剪颖后的柱头上，进行人工花期和蕾期自交。授粉完毕，套袋隔离，在每个穗或花序下面挂上吊牌，注明花期自交花数，蕾期自交蕾数，授粉者姓名和授粉日期。

3. 授粉后的管理　授粉 2～3 d 后要及时提袋，防止花序于袋内顶弯或折断。暴风雨后要及时检查，如发现破裂的隔离袋及时修补或更换，被风吹倒了的植株要轻轻扶起来加以重新固定，切防折断。授粉 7～10 d 花瓣脱落后，可将隔离袋摘除，去掉多余枝条，确保小穗的发育。以后除按一般种株管理之外，应特别注意防止病虫害。

4. 考种　当种子成熟后，可把穗或果荚剪下装入信封袋，带回室内风干进行考种。

（二）天然套袋自交测定法

每份材料随机选取 3 个花序，用硫酸纸袋分别将其套袋，后期不再对其进行人工辅助授粉，但需要在植株开花期间晃动花序，代替风媒和虫媒，促使其散粉和授粉。同时，每份材料随机选定若干花序作为对照，让其在自然条件下授粉。待授粉后种子完全成熟时，将花序收集起来置于自然室温下晾干，种子按照套袋强制授粉和未套袋自然授粉分开收集，统计结实情况，分别计算亲和指数，填入表 7-1。

（三）荧光鉴定法

1. 试剂配制

（1）FAA 固定液　将 40%甲醛、80%乙醇和冰醋酸按 1∶8∶1 的比例配制而成。

（2）卡诺固定液　用 3 份无水乙醇和 1 份冰醋酸配制而成。

（3）0.1 mol/L 磷酸钾水溶液　称取 21.2 g 磷酸钾，用蒸馏水定容至 1 000 mL。

（4）0.1%苯胺蓝溶液　称取 0.1 g 水溶性苯胺蓝，用 0.1 mol/L 磷酸钾水溶液定容至 100 mL。

（5）8 mol/L 氢氧化钠溶液　称取 32 g 氢氧化钠，用蒸馏水定容至 100 mL。

2. 取样、固定和保存　解开人工控制自交授粉 16～24 h 的花枝上的纸袋，摘取子房，于花柱基部切下花柱，将花期授粉和蕾期授粉的花柱分别固定于 FAA 固定液或卡诺固定液中 24 h 后，转移到 70%乙醇溶液中保存。在瓶上注明株号、花期授粉或蕾期授粉处理以及实验者姓名。

3. 透明和软化　将上述固定材料用水冲洗后，转移到指形管中，用 8 mol/L 氢氧化钠溶液浸泡 8～24 h。

4. 染色　把软化后的试材用自来水多次换水浸泡 1 h 以上，除去大部分氢氧化钠之后，转移到 0.1%苯胺蓝染液中染色 4 h 左右。

5. 观察　用镊子挑取一枚染色后的花柱，放在载玻片上，用滤纸吸出染液，滴上一滴甘油，盖上盖玻片，轻轻敲压盖玻片，使花柱展开。然后把载玻片放到荧光显微镜下，观察记录每株柱头胼胝质沉积状况、花粉萌发及花粉管生长状态。

六、实验结果与分析

（一）自交测定结果及分析

1. 亲和指数计算

亲和指数＝人工授粉结种子数（果荚数）/人工授粉小花数

2. 实验结果统计

表 7 - 1 自交测定实验结果

材料编号	授粉花数	结荚数	种子数	亲和指数
1				
2				
3				
4				

（二）荧光鉴定结果及分析

观察记录每个花柱柱头胼胝质沉积状况及花粉萌发情况。柱头上花粉不萌发或萌发很少的为不亲和；萌发花粉管数多的为亲和。

七、讨论

讨论自交不亲和性在牧草与草坪草育种中的意义。

（魏臻武）

实验8 牧草与草坪草杂交亲本配合力测定分析

一、实验目的

了解配合力测定的基本原理及其在牧草与草坪草育种中的作用和意义；掌握不同配合力测定的步骤方法及配合力数据分析。

二、实验原理

亲本选择恰当与否是影响杂交育种成败和效率高低的一个关键因素。育种实践表明，外观长势好、产量高的亲本，其杂种的产量不一定有较高的水平，只有配合力高的亲本才能选配出高产的杂交种应用于生产。而牧草与草坪草大多数经济性状又为数量性状，受微效多基因控制，变异呈现出连续性的特点，给研究和利用带来了困难，大大降低了育种效果。因而，若能对亲本及其所配组合尽早进行科学的评价和预测，则会显著提高育种效率。早期的配合力效应与其后期的配合力效应有较高的一致性，因而可对配合力进行早期预测，以作为亲本选配的科学依据。

配合力是衡量杂交组合中亲本性状配合能力，判断在亲本所配的 F_1 代中某些亲本性状的好坏或强弱的指标。通常将配合力分为一般配合力（general combining ability，GCA）和特殊配合力（specific combining ability，SCA）2 种。

三、实验材料与用具

1. 材料 老芒麦、黑麦草、苜蓿等牧草与草坪草亲本自交系、无性系或品种。

2. 用具 计算器、铅笔、记录本及统计分析类软件（如 Excel、DPS、SPSS 和 SAS 等）。

四、实验内容

开展多个亲本材料的配合力测定，并估算一般配合力和特殊配合力效应值。

五、实验方法与步骤

(一)待测系确定和测验种选择

1. 待测系确定　根据育种目的,确定所要测定配合力的自交系、无性系或品种。

2. 测验种选择　选择遗传基础复杂的群体,如品种、杂交种、综合群体等。

(二)配合力测定方法选择

1. 多系天然杂交法　将待测系按照设计排列种植,使每一待测系有同等机会为其他待测系授粉,并接收来自其他待测系的花粉,群体开放授粉,种子成熟后,分系收种,得到母本不同而父本相同(父本为其他待测系群体中的任意花粉,可近似看作父本相同)的半同胞杂交种子,根据杂交种产量或其他数量性状结果计算出各待测系的配合力。此方法操作简单,适合于一般配合力测定。

2. 顶交法　选用一个遗传基础广泛的品种群体(综合杂交种或普通品种)作为测验种(父本),待测系作母本,进行杂交,种子成熟后,分系收种,获得"一父多母"测交种。根据测交种产量或其他数量性状结果计算出各待测系的配合力。顶交法较为简便,适合在早代测定大量穗行的一般配合力,在晚代被测系数目较多时也可采用。

3. 双列杂交法　该法是将待测系互相作为测验种,彼此间相互成对杂交,配置成 $n \times (n-1)$ 个正反交组合,然后进行测交种比较试验,根据产量或其他数量性状结果计算出每个待测系的一般配合力和各组合的特殊配合力。该方法可以进行一般配合力和特殊配合力的测定,但手续较复杂,工作量较大,待测系数目较多时难以实施。

(三)测交种的获得

根据选择的配合力测定方法,在隔离区内进行杂交,获得相应测交种。

(四)测交种的性状测定

将测交种按照随机区组排列进行田间种植,测定其产量或其他数量性状。

(五)配合力统计分析

根据测交种产量或其他数量性状比较结果,计算出每个待测系的一般配合力和特殊配合力效应值。

六、实验结果与分析

根据计算结果,就考察性状对亲本进行分析评价。

七、讨论

1. 在植物育种工作中，你认为配合力测定有什么价值？
2. 你认为配合力测定与植物杂种优势利用有什么关系？

（伏兵哲）

实验 9　牧草与草坪草雄性不育材料鉴定

一、实验目的

学习和掌握牧草与草坪草雄性不育材料的鉴定和选择方法，为开展雄性不育系选育和杂种优势育种打下基础。

二、实验原理

1. 雄性不育的概念及表现形式　雄性不育指植株不能产生正常的花药、花粉或雄配子体的遗传现象。具有雄性不育特性的株系、品系、品种等种质资源材料称为雄性不育系。雄性不育具有许多不同的表现形式：①雌雄异株植物群体中完全缺乏雄性个体或具高度缺陷的雄性个体；②雌雄同株植物中雄性器官萎缩、畸形或消失；③两性花植物中雄蕊败育，包括不能形成正常的小孢子、败育的花粉，或虽然能形成有生活力的花粉但花药不开裂等。

2. 雄性不育的类型　按照表型划分为：①结构型雄性不育（雄蕊退化）；②孢子发生型雄性不育；③功能型雄性不育。按基因型划分为：①细胞核雄性不育，这种类型的雄性不育性由核基因控制，不育性状不受细胞质基因的影响，因此，该类型雄性不育性的遗传和表达完全遵循孟德尔遗传规律；②细胞质雄性不育，这种类型的雄性不育性由细胞质内特定的基因控制，雄性不育性是母性遗传的；③核质互作型雄性不育，这种类型的雄性不育性是由于核基因和细胞质之间相互作用而产生的。

当前农业生产中利用雄性不育系配制杂交种是一种非常有效的手段，它可以简化制种程序，降低杂交种子生产成本，提高杂种率。在苜蓿、鸭茅、高粱、高羊茅、早熟禾等牧草与草坪草中，普遍存在不同程度的雄性不育现象。通过对牧草与草坪草不同种、品种的花器结构观察比较和花粉生活力的测定等方面来鉴定和选择雄性不育材料。

三、实验材料与用具

1. 材料　正在开花的 1～2 种牧草与草坪草（苜蓿、鸭茅、高粱、早熟禾、高羊茅等）不育株和可育株（正常株）。

2. 用具　显微镜、放大镜、镊子、解剖针、游标卡尺、载玻片、盖玻片。

四、实验内容

1. 田间花器特征观察比较。
2. 室内花器特征测量比较。
3. 花粉生活力测定。

五、实验方法与步骤

（一）田间花器特征观察比较

对实验材料的不育株和可育株进行花器形态特征的观察比较，主要是观察花冠（内外稃）的开展度，用放大镜观察花药数目、花丝长短，花药的形态、颜色、饱满程度、是否开裂，花粉的有无（用手捏破花药，是否有黄色粉）等外部形态特征，并记录在表9-1中。

（二）室内花器特征测量比较

每组分别采摘不育株与可育株即将开放的花穗或花序3～5个，挂上标签，放在冰盒中带回室内进行鉴定。

1. 观察不育花和正常花的花冠、花丝、花药等花器各个部分的颜色、大小（用游标卡尺测量）以及花药的饱满度。

2. 用镊子将不育花和正常花的雄蕊取下，观察雄蕊数目、大小、花柱及子房的大小和长短。

3. 用解剖针将不育花和正常花的花药打开，观察花粉的有无。在显微镜下镜检，比较可育花粉与不育花粉形态上的区别，并记录在表9-1中。

（三）花粉生活力测定

在载玻片上分别放入少量不育花和正常花的花粉，用TTC染色法或I_2-KI染色法测定花粉生活力（具体方法可参阅本指导中的实验6），将观察的5个视野计算结果记入表9-2中。

六、实验结果与分析

1. 根据田间鉴定、室内鉴定及生活力鉴定填写实验表格（表9-1和表9-2），并对实验结果进行分析。

2. 根据田间观察和室内鉴定结果，分析不育株和可育株在形态特征上的主要区别。

表 9-1 不育株和可育株花器的比较

育性及取样数		花冠（内外稃）开展度	雄蕊数目	花丝长短（mm）	花柱长短	花药大小（长×宽）（mm×mm）	花药颜色	花药开裂（是/否）	花粉有无	花粉皱缩（是/否）
不育株	1									
	2									
	3									
	4									
	5									
	6									
	7									
	8									
	9									
	10									
	平均									
可育株	1									
	2									
	3									
	4									
	5									
	6									
	7									
	8									
	9									
	10									
	平均									

表 9-2 不育株和可育株花粉生活力的比较

项目	不育株			可育株		
	观察花粉总数	染色花粉数	可育花粉比例（%）	观察花粉总数	染色花粉数	可育花粉比例（%）
视野1						
视野2						

（续）

项目	不育株			可育株		
	观察花粉总数	染色花粉数	可育花粉比例（％）	观察花粉总数	染色花粉数	可育花粉比例（％）
视野 3						
视野 4						
视野 5						
平均						

七、讨论

1. 讨论你所观察鉴定的材料属于哪种雄性不育类型，依据是什么？生产实践中，你还发现哪些牧草与草坪草具有雄性不育类型？

2. 还有哪些方法可以鉴定牧草与草坪草的雄性不育性？

文本：紫花苜蓿花粉育性鉴定

（伏兵哲）

第二篇 | DIERPIAN

综合性实验

实验10 自花授粉牧草与草坪草有性杂交技术

一、实验目的

学习掌握自花授粉牧草与草坪草的有性杂交技术的原理和方法。

二、实验原理

自花授粉指同一朵花内雌雄配子结合繁育后代的方式，自然异交率低于5%。自花授粉植物多为两性花，雌雄蕊同熟，花器官保护严密，雌雄蕊长度相仿或雄蕊较长，花粉不多，花瓣无鲜艳颜色或无特殊气味，多在清晨或晚间开花。如箭筈豌豆、扁穗雀麦、老芒麦、加拿大披碱草等为自花授粉牧草。自花授粉牧草或草坪草在进行杂交育种时，需要选取两个优良单株作为父母本进行人工杂交，根据育种目标在杂交后代中选择性状稳定、杂交优势明显的单株进一步选育培育成杂交品种。

三、实验材料与用具

1. **材料**　自花授粉的牧草与草坪草品种或野生材料。
2. **药品**　75%乙醇。
3. **用具**　小剪刀、镊子、隔离纸袋、标签、毛笔、铅笔等。

四、实验内容

1. 亲本选择。
2. 花序选择。
3. 整株疏花。
4. 人工去雄。
5. 采集花粉。
6. 授粉。
7. 杂交结实率统计。

五、实验方法与步骤

（一）亲本选择

自花授粉牧草与草坪草品种为一个同质群体，种内遗传变异小，在选择亲本时需要选择遗传距离远、表型差异大、主要目标性状突出且能代表品种典型特征的优良健康单株，选好后统一编号，父母本套袋隔离。

（二）花序选择，整株疏花

为保证母本植株种子营养供给，获得饱满的种子，需要对植株多余的分枝或分蘖进行整理，去掉衰老和幼嫩的枝条或已开花的花序。当花序上小花的花药呈黄色时，开始整穗。剪去发育不良和幼嫩的小花，去掉已开放的小穗和小花，对于禾本科而言，每花序只在中下部留下 3～5 个小穗，每个小穗留下基部 2～3 个小花。如果花序上的小穗排列过于紧密，可以间隔去除小穗。

（三）人工去雄

整好穗后便可以进行人工去雄。去雄时轻轻用镊子把禾本科小花内外稃拨开，小心地去掉 3 枚雄蕊，或把豆科牧草与草坪草的龙骨瓣打开，小心去掉雄蕊。保证花药完好无损，以免花粉扩散而自花授粉，切忌用力过猛伤到柱头。去雄完毕后，套上隔离纸袋，并挂上标签，注明母本名称、去雄者以及去雄日期等信息，以备杂交。

（四）采集花粉

天气晴好、阳光明媚、气温较高有利于植物开花，不同植物开花时间和开花期有差异，在早上、中午、下午或晚上开花。各种牧草与草坪草每朵小花开放的时间各不相同，有的牧草与草坪草小花只开 5～20 min，有的牧草与草坪草小花开 1～2 h，有的牧草与草坪草小花开花时间可长达 1～2 d。因此，需要首先了解杂交植物开花特性。花药采集应以父本植株花盛开时为宜，即黄色成熟花药吐出，但花药未破裂时。采集足够数量花药后，把花药捣碎，或放置于阳光下暴晒几十秒使花药自行破裂，花粉露出再进行授粉，切勿采集绿色花药，否则杂交不易成功。

（五）授粉

在母本去雄后尽快授粉，一般以在去雄后 1～2 d 内授粉为宜。授粉时先把母本隔离纸袋取下，用毛笔蘸少量的花粉置于母本柱头上，并轻轻地擦动，不宜用力过猛。待授粉完毕后，再用隔离纸袋将母本罩起来。最后在标签上注明物种名称、父母本名称或编号、授粉日期、授粉人等信息。隔离纸袋可保留至收种时。标签的设计方法及记载项目可参考下面格式：

物　　种	＿＿＿＿＿＿＿＿
组合♀×♂	＿＿＿＿＿＿＿＿
杂交方式	＿＿＿＿＿＿＿＿
杂交日期	＿＿＿＿＿＿＿＿
杂交者	＿＿＿＿＿＿＿＿

六、实验结果与分析

选择亲本进行杂交，每人杂交 3～4 个花序，收获时统计杂交结实率。分析影响杂交结实率的因素。

七、讨论

自花授粉牧草与草坪草有性杂交时有哪些注意事项？

文本：自花授粉豆科牧草箭筈豌豆杂交技术

（谢文刚）

实验 11　异花授粉牧草与草坪草有性杂交技术

一、实验目的

了解异花授粉牧草与草坪草的花器结构和传粉方式，掌握异花授粉牧草与草坪草的有性杂交技术的原理和方法。

二、实验原理

异花授粉牧草与草坪草通过不同植株花朵的花粉进行传粉繁殖后代，异交率高于 50%。大多数牧草与草坪草属于异花授粉植物，如禾本科的黑麦草、鸭茅、高羊茅、早熟禾、冰草等，豆科的紫花苜蓿、红三叶、红豆草等。异花授粉植物多为雌雄异株、雌雄同株异花、雌雄同花但自交不亲和。主要借助风、昆虫、水、鸟、蚂蚁等作为传粉媒介，不同物种花器官在结构上具有多样性以适应不同传粉方式。异花授粉植物由于其花粉来源于不同父本植株，因此，后代为一个基因型异质群体，杂交后代往往在生活力、繁殖力和抗逆性等方面具有杂种优势。因此，对于大多数异花授粉的牧草与草坪草而言，主要采用多个父本开花授粉的方式培育综合品种，也可利用人工控制授粉的方式培育杂交品种。

三、实验材料与用具

1. 材料　异花授粉的豆科、禾本科牧草与草坪草，如苜蓿、红豆草、鸭茅、冰草等品种或野生材料。

2. 用具　小剪刀、镊子、隔离纸袋、标签、毛笔、铅笔等。

四、实验内容

1. 开放授粉法。
2. 人工杂交法。

五、实验方法与步骤

（一）开放授粉法

1. 亲本选择　根据育种目标，选取一个综合农艺性状优良的品种（野生材料）作为母本，其他几个在产量、抗逆性、品质等方面具有明显优势，且和母本具有一定遗传距离的品种（野生材料）作为父本。

2. 多元杂交　将母本与父本材料相间种植，开花期让其自由传粉，周围设立保护行，防止其他植物花粉传入。该方法可用于培育综合品种。综合品种为一个异质群体，结合了多个亲本的优良特性，具有较强的适应性和优良性状，是异花授粉植物新品种选育的常用方法。

（二）人工杂交法

操作步骤与自花授粉牧草有性杂交相似。

1. 亲本选择　异花授粉的牧草与草坪草品种内遗传及表型差异较大，在选择亲本时需要选择具有一定遗传距离、表型多样性、主要目标性状突出且能代表品种典型特征的优良单株，选好后统一编号，父母本套袋隔离。

2. 花序选择，整株疏花　作为亲本为保证种子营养供给，获得饱满的种子，需要对植株的分枝或分蘖进行整理，去掉衰老和幼嫩的枝条。当花序上小花的花药呈黄色时，开始整穗。去掉已开放的小穗和小花，剪去发育不良和幼嫩的小花，对于禾本科而言，每花序只在中下部留下 3～5 个小穗，每个小穗留下基部 2～3 个小花。如果花序上的小穗排列过于紧密，可以间隔去除小穗。

3. 人工去雄　整好穗后便可以进行人工去雄。去雄时用镊子轻轻把禾本科小花内外稃拨开，小心地去掉 3 枚雄蕊，或把豆科牧草与草坪草的龙骨瓣打开，小心去掉雄蕊。保证花药完好无损，切忌用力过猛伤到柱头。去雄完毕后，套上隔离纸袋，并挂上标签，注明母本名称、去雄者以及去雄日期等信息，以备杂交。

4. 采集花粉　不同牧草与草坪草开花时间不同，花药采集应以在父本植株花盛开时为宜，即黄色成熟花药吐出，但花药未破裂时。采集足够数量花药后，把花药捣碎，或放置于阳光下暴晒几十秒使花药自行破裂，花粉露出再进行授粉，切勿采集绿色花药，否则杂交不易成功。

5. 授粉　在母本去雄后尽快授粉，一般以在去雄后 1～2 d 内授粉为宜。授粉时先把母本隔离纸袋取下，用毛笔蘸少量的花粉置于母本柱头上，并轻轻地擦动，不宜用力过猛。待授粉完毕后，再用隔离纸袋将母本罩起来。最后在标签上注明物种名称、父母本名称或编号、授粉日期、授粉人等信息。隔离纸袋可保留至收种时。标签的设计方法及记载项目同实验 10。

六、实验结果与分析

根据杂交物种，每人杂交 3～4 个小穗，收获时统计杂交结实率。分析影响杂交成功的因素。

七、讨论

自花授粉和异花授粉牧草与草坪草杂交育种时有何异同？

文本：鸭茅开放授粉和人工杂交技术　　视频：禾本科牧草杂交

（谢文刚）

实验 12　牧草与草坪草多倍体诱变及鉴定

一、实验目的

了解秋水仙素诱变多倍体的原理及鉴定多倍体的依据；学习、掌握多倍体诱变及鉴定技术和方法。

二、实验原理

人工诱变多倍体以秋水仙素溶液处理最为有效。秋水仙素的作用在于细胞分裂时可以抑制微管的聚合过程，阻止纺锤丝的形成，使染色体不能分向两极，细胞中间也不形成新的核膜，因而分裂了的染色体留在一个细胞核内，使细胞核内的染色体数加倍。秋水仙素溶液浓度适宜时，对细胞的毒害作用不大，对染色体结构影响不大，在一定时期内细胞仍可恢复常态，继续分裂，除染色体数加倍成为多倍性细胞外，在遗传上很少发生不利的变异。加倍的细胞继续分裂就形成多倍体的组织器官和植株。从多倍性组织分化出来的性细胞所产生的配子有多倍性，通过有性繁殖，便产生多倍体后代。

用秋水仙素诱变多倍体时应注意以下几点：

1. 处理材料的选择　由于秋水仙素对植物诱变的有效刺激作用只发生在细胞分裂状态活跃的组织，所以常用萌动或发芽的种子、幼苗或生长旺盛的茎尖组织作为加倍材料。

2. 药剂浓度和处理时间的确定　秋水仙素使用浓度及处理时间应根据所处理的牧草与草坪草的种类、器官及药品等媒介而不同。一般为 0.01％～1.0％，以 0.2％的水溶液最常用，处理时间为 24～48 h，温度维持在 20～30 ℃。一般采用临界范围内的高浓度和短时间处理法，以诱变多倍体的百分比最高而致死和受害的数量最少时最为理想。

3. 增效剂的使用　二甲基亚砜（DMSO）具有改善细胞膜透性的作用，可以促进细胞对秋水仙素的吸收，因此，在秋水仙素溶液中加入 1.5％二甲基亚砜效果更好。

4. 随着染色体倍性的变化，植物形态和特性也发生变化　常表现叶片肥厚多皱，叶脉缩短，气孔减少，保卫细胞变大，叶绿素增加，花蕾变大，花粉量减少，花粉粒增大，花粉育性降低，开花和果实成熟期延迟等。根据上述形态性状和特性可对多倍体进行间接的鉴定，但要准确鉴定是否是多倍体还得靠直接镜检花粉母细胞或根尖分生组织的染色体数。

三、实验材料与用具

1. 材料 蒙古冰草、燕麦、新麦草、红三叶等种子或幼苗。

2. 药品 秋水仙素、蒸馏水、苏木精、卡诺固定液、乙醇等。

3. 用具 天平、镊子、培养皿、纱布、温箱、滴瓶、滴管、显微镜、测微尺、钢卷尺、脱脂棉、量筒、烧杯、载玻片、盖玻片、铅笔等。

四、实验内容

1. 确定秋水仙素溶液染色体加倍的浓度、处理时间以及处理方法。
2. 多倍体植株的鉴定方法。

五、实验方法与步骤

(一) 试剂配制

1‰秋水仙素药液：称取 1 g 秋水仙素纯结晶体，先溶于少量乙醇中，然后加冷水定容为 1‰浓度的母液，放于棕色瓶中，4 ℃冰箱里保存备用，使用时再稀释成所需要的浓度。

(二) 多倍体诱变

1. 种子处理 先将蒙古冰草（或红三叶）种子用水浸泡 12 h，将发芽种子分散置于垫有吸水纸的培养皿中，放在 22 ℃温箱内发芽，待种子露白后，注入浓度为 0.1‰～0.2‰秋水仙素溶液，为了防止药液蒸发须加盖，置于 16 ℃暗处使发芽种子在药液内生长，处理 24～36 h。为了不使药液伤害幼根，处理结束后用清水冲洗残液，然后进行沙培。

2. 幼苗处理

（1）溶液浸渍法 待幼苗生长 5～6 叶期，挖出植株洗去根部泥沙，然后将整个根系浸在盛有 0.1‰～0.5‰秋水仙素溶液的容器中，液面至茎基部生长点以上。为防止根系受药害，药液浸泡时进行间歇处理，药液中浸泡 12 h，清水中浸泡 12 h，如此反复处理 3～5 d。

（2）涂抹法 按一定秋水仙素浓度（0.5‰～1‰）用羊毛脂或琼脂或甘油配成乳剂，涂抹在幼苗或枝条的顶端处理 24～48 h。处理部位要适当遮盖，以减少蒸发和避免雨水冲洗。

（3）滴液法 待幼苗子叶平展、心叶露出时，用 0.2‰秋水仙素溶液滴在生长点上，每天早、中、晚各滴一次，连滴 3 d。为了使药液不会很快蒸发掉，提高处理效果，可用脱脂棉做成小球，放于生长点上，再将秋水仙素药液滴在棉球上。对较大植株的顶芽、腋芽，可用小片脱脂棉包裹幼芽，再将药液滴上。

3. 外植体处理　选取健壮的组培苗，将其叶片、芽或茎段切下，放入灭菌后的 0.1%～0.2% 秋水仙素溶液中，放到振荡培养箱中振荡 48 h。然后在无菌条件下，用无菌水将茎尖和茎段清洗 3～4 遍，用灭菌后的滤纸将其水分吸干，将茎尖和茎段接种到培养基上，或者将灭菌后的秋水仙素溶液（0.1%～0.2%）加到灭菌完成但未凝固的再生培养基中，待充分混匀后，倒入培养皿中凝固。将准备好的外植体放在培养基上，并用封口膜封好。暗培养一个月左右，长出愈伤组织后再进行光照培养。

（三）诱变后代的多倍体鉴定

1. 形态鉴定　观察用秋水仙素溶液诱变和未经诱变的植株形态。一般多倍体植株与二倍体比较，表现为幼根尖端膨大，茎粗壮，叶厚皱褶，生长速度变慢，花器变大，叶片变宽大，叶色变深等。

2. 细胞学鉴定

（1）气孔鉴定　取相同时期和相同部位秋水仙素诱变和未经诱变的植株叶片，在叶片的背面中部划一切口，用尖头镊子夹住切口部分，撕下一薄层下表皮，放在载玻片的水滴里，铺平，盖上盖玻片，于显微镜下观测气孔、保卫细胞大小和数目。一般多倍体的气孔比二倍体长，单位面积气孔数比二倍体少；多倍体保卫细胞内的叶绿体数一般多于二倍体。

（2）花粉粒鉴定　采集秋水仙素诱变和未经诱变的植株新开花的花粉撒于载玻片上，滴一滴水，用镊子将花粉涂匀，于显微镜下观测花粉大小。一般多倍体产生的花粉比二倍体大。

（3）染色体数目　直接用经诱变的植株的根尖细胞或花粉母细胞制片染色，在显微镜下观察其染色体数目是否真正加倍。

3. 流式细胞仪鉴定法　流式细胞仪是通过测定染色剂染色的细胞荧光密度来测定细胞内 DNA 含量的方法，从而鉴别植株的染色体倍性。

取相同时期和相同部位秋水仙素诱变和未经诱变的植株叶片，放到 60 mm 预冷的塑料培养皿上，加入 0.5～1.5 mL 裂解液，确保叶片全都浸润在裂解液中，用刀片快速将叶片切成细丝，使裂解液能够将细胞核分离出来。将含有细胞核的裂解液用 500 μm 过滤器进行过滤，用移液枪把过滤液加到离心管中，室温孵育 1 min 左右，在过滤液中加入 50 μL 的 RNase（核糖核酸酶）和 50 μL 的 PI（碘化丙啶）染液，避光染色 20 min 后，在流式细胞仪上分析样本。

六、实验结果与分析

1. 统计不同药液浓度、不同方法和不同时间处理后植株的诱变率（表12-1）。

表 12-1　多倍体的诱变

名称	药液浓度	处理方法	处理时间	变异株数	诱变率（%）	备注

2. 观察记录变异植株与对照株主要性状的形态和细胞特征，并比较二者的差异（表12-2）。

表 12-2　植物形态及细胞特征记录表

材料	形态特征				细胞特征				染色体数目
	株高	根粗	茎粗	叶片大小	花粉粒大小	气孔大小	保卫细胞大小	叶绿体数目	
未处理植株（对照）									
变异植株									

七、讨论

1. 利用秋水仙素诱变多倍体的技术要点有哪些？

2. 选择一种牧草与草坪草，通过查阅资料，制订一个利用离体法（愈伤组织）获得多倍体的实验方案。

文本：紫花苜蓿多倍体诱变及倍性鉴定

（伏兵哲）

实验 13　牧草与草坪草辐射诱变及鉴定

一、实验目的

理解辐射诱变的机理。了解 γ 射线源实验室的基本设施、处理方法及注意事项。了解物理因素对植物的诱变作用。

二、实验原理

辐射诱变育种是采用一定剂量的射线，照射植物的种子、茎段、花粉、愈伤组织或其他器官，诱发植物产生基因突变和染色体畸变，并从突变群体中鉴定、筛选有利突变，培育新品种的过程。辐射诱变育种不仅可以大大提高植物基因的突变频率，在短时间内获得有价值的突变体，而且多数突变属于小量突变，在改良品种时保证了原有品种的优良性状，常被用于改良优良品种的单一性状。目前，在紫花苜蓿、高羊茅、红豆草、狗牙根等牧草与草坪草中得到广泛应用。

辐射诱变主要的辐射源有 γ、X、β 射线和中子等电离辐射源，离子束、激光和紫外线等非电离辐射源。各种辐射源的性质、波长不同，引起的变异效果不同，所以辐射应用范围也不同。其中 $^{60}Co-γ$ 射线的穿透性强，波长短，诱变效果稳定，诱变当代效果直观，M_2 代即可出现大量明显的突变性状，突变体易于筛选，所以 $^{60}Co-γ$ 射线成为高等植物诱变育种中应用最多的辐射源。

辐射诱变育种的关键是适宜辐射剂量的确定和诱变早期世代突变体的鉴定。适宜的辐射剂量与材料的辐射敏感性有关，需考虑到植物种类、品种、器官、发育阶段、生理状况以及外界因素。目前国内外一般采用半致死剂量和临界剂量确定辐射诱变适宜剂量。植物材料在辐射之后，会在形态、结构、生理生化等方面发生相应的变化，必须借助一定的方法和标准进行鉴定，目前常用的方法可以分为直接鉴定法和间接鉴定法。间接鉴定法是通过观察植物的株高、叶型、气孔大小、保卫细胞等外观形态评价诱变效应；直接鉴定法是通过染色体数目、结构或 DNA 分子水平鉴定等确定是否发生变异。本实验通过多个指标的观测来评价辐射诱变效应。

三、实验材料与用具

1. 材料　选用综合性状优良而只有个别缺点的草类植物品种的种子或无

性繁殖茎段。由于材料的遗传背景和对诱变因素的反应不同，出现有益突变的难易程度不同，因此，诱变处理的品种要适当多样化。

辐射源：采用^{60}Co-γ射线作为辐射源。

2. 药品 卡诺固定液（冰醋酸：无水乙醇＝1：3）、石炭酸（苯酚）-品红、蒸馏水。

3. 用具 载玻片、盖玻片、显微镜、人工气候箱、镊子、记录本、游标卡尺、直尺。

四、实验内容

1. 采用不同剂量的^{60}Co-γ射线对实验材料进行辐射处理。

2. 经过辐射处理的种子/茎段种植于花盆中，放置在人工气候箱内，计算成活率，并观察外观形态及花粉粒大小、气孔和染色体的变化，做好记录。

五、实验方法与步骤

（一）辐射处理

实验设^{60}Co-γ射线6个辐射剂量处理，即0 Gy（对照）、40 Gy、60 Gy、80 Gy、150 Gy、200 Gy，剂量率1 Gy/min。将实验材料置于不同剂量的^{60}Co-γ射线下进行外照射处理。

（二）培养

将不同辐照处理后的种子或茎段播种后，根据其生长特性，进行精心管护，使其尽快恢复生长。同时在不同的生长阶段进行细致观察，并详细记录。

（三）鉴定

1. 出苗率/成活率情况 播种后定期观察记录种子的出苗、死苗情况或茎段的成活率。

2. 外部形态鉴定 在几个主要时期观察处理植株和对照植株在外观形态上有无差异，主要观察植株的生长是否缓慢，株高、叶型、茎节长、分枝数/分蘖数等有无改变等。

3. 气孔鉴定 取处理植株和对照植株相同部位的叶片，用镊子撕下一小块表皮置于载玻片上，滴少许蒸馏水盖上盖玻片后置于显微镜下进行观察。与对照相比，单位视野内的气孔数、保卫细胞数是否发生了明显的增加或减少的现象（取10个视野的平均值）。

4. 花粉粒的鉴定 取盛开花的花粉撒于载玻片上，在显微镜下观测花粉大小。测量30粒花粉直径，取其平均值。比较对照和处理植株花粉的差异。

5. 染色体鉴定 选择外观形状有变化的植株，可取根尖分裂旺盛的组织或适宜的花蕾作为材料观察染色体的变异。

六、实验结果与分析

1. 根据对辐射当代的观察填写植物变异记录表（表 13 - 1）。

表 13 - 1 不同辐射剂量对植株变异的影响

材料编号	辐射剂量	成活率	死亡率	株高	叶长	叶宽	叶长/叶宽	茎节长	分枝数/分蘖数	气孔数	保卫细胞数	花粉大小	染色体数目
1													
2													
3													
4													

2. 根据上述记录表中的数据，统计不同剂量下植株的变异率。

变异率＝变异株数/成活株数×100%

七、讨论

1. 选择一种牧草或草坪草植物制订一份辐射诱变育种计划。

2. 如何利用成活率与辐射剂量构建回归方程计算出供试材料的半致死剂量和临界剂量？

（赵丽丽）

实验14　牧草与草坪草化学诱变及鉴定

一、实验目的

了解化学诱变剂的诱变原理；学习、掌握化学诱变剂的配制及诱变操作技术和方法。

二、实验原理

化学诱变育种在近30年发展迅速，已成为一个新的育种技术，在某些场合较辐射诱变更为有效，而且它的研究有助于说明和揭露遗传物质的本质，因此在理论上和实践上都具有重要意义。

化学诱变育种是通过化学试剂造成生物DNA的损伤和错误修复，产生突变体，然后通过多世代对突变体进行选择和鉴定，直接或间接地培育成生产上能利用的新品种。化学诱变育种具有操作方法简便易行、成本低、诱变作用专一性强等特点，是一种迅速发展的育种途径，在改善植物的抗逆性方面有着广泛的应用。化学诱变剂的种类繁多，目前较公认的最为有效和应用较多的是烷化剂、碱基类似物和叠氮化物三大类。烷化剂主要有甲基磺酸乙酯（EMS）、硫酸二乙酯（DES）和乙烯亚胺（EI）等化合物，其中EMS是目前公认的最为有效和应用较多的一种化学诱变剂。EMS作用机理是通过将烷基加到DNA的核苷酸鸟嘌呤上，使DNA在复制时错误地将G-C碱基对转换为A-T碱基对；或者这些被烷基化的鸟嘌呤自动降解，在DNA链上出现空位，使DNA链断裂、易位甚至使细胞死亡。与其他诱变剂相比，EMS化学诱变产生的点突变的频率高，染色体畸变相对较少，可以对植物的某一特征特性进行改良。

化学诱变处理的效果除受药剂的性质和毒性限制外，还与处理的浓度、时间、温度、pH等有关。突变频率与处理浓度（剂量）呈指数曲线关系，抑制作用与浓度成正比。通常可根据幼苗生长试验鉴定各处理对幼苗生长抑制程度来确定处理的适当浓度。时间长短以受处理的组织完成水合作用，并保证完全被诱变剂浸透为准。若时间延长，则应使用缓冲液，或根据药剂在水中水解的速度来更换药剂（当有1/4的药剂被水解时更换一次药剂），以保证稳定的浓度。烷化诱变剂在水中有水解作用，其速度与温度有很大的关系。在低温下诱变剂水解的速度会减慢，可保持诱变剂的一定稳定性，但对细胞的有效作用却减弱。在高温条件下虽然能保证药剂具有充分活泼的化学活性以利于与细胞发生反应，但同时也加速了它在水中的水解速度，保证不了一定的浓度。一般在使用时多用变温方法：先将材料在低温（0～10 ℃）条件下浸渍足够的时间，使药剂浸透处理材料，然后再换以新鲜药剂于高温（40 ℃）条件下处理，以提高诱变剂在植物体内的反应速度。有些诱变剂在一定的 pH 时才有诱变作用，例如：DES 和 EMS 为 pH＝7，NEH（亚硝基乙基脲）为 pH＝8，NTG（亚硝基胍）为 pH＝9，而另一些诱变剂（如烷基磺酸酯、烷基硫酸酯）水解后产生强酸，这种强酸产物对植物材料有明显的生理损害，故采用磷酸缓冲液（0.01 mol/L）以保证诱变效应。同时，缓冲溶液对植物本身的生理状态也有影响。

三、实验材料与用具

1. 材料 苜蓿、燕麦、冰草、早熟禾、高羊茅、披碱草等种子和幼苗。
2. 药品 EMS、磷酸二氢钠、磷酸氢二钠、蒸馏水等。
3. 用具 脱脂棉、培养皿、烧杯、滴管、滴瓶、电子显微镜、天平等。

四、实验内容

1. EMS 溶液浓度、处理时间、处理方法的确定。

2. 对经过诱变处理的植物材料进行培养，对诱变效果进行观察并统计诱变率。

五、实验方法与步骤

（一）试剂的配制

1. 0.01 mol/L pH＝7 的磷酸缓冲液配制 A 溶液（0.01 mol/L 磷酸二氢钠）：取 1.38 g $NaH_2PO_4 \cdot H_2O$，定容至 1 000 mL。B 溶液（0.01 mol/L 磷酸氢二钠）：取 2.683 g $Na_2HPO_4 \cdot 7H_2O$ 或 3.585 g $Na_2HPO_4 \cdot H_2O$，定容至 1 000 mL。取 390 mL A 溶液、610 mL B 溶液进行混合，即得到 1 000 mL 0.01 mol/L pH＝7 的磷酸缓冲液。

2. EMS 溶液配制 EMS 为无色液体，相对密度为 1.203，用 0.01 mol/L pH＝7 的磷酸缓冲液分别配制 0.1%、0.2%、0.4% 和 0.6% 4 个浓度的水溶液，充分混匀后，4 ℃ 冰箱低温贮藏待用。

（二）诱变剂浓度的选择

不同植物或同种植物不同品种以及同一品种不同器官对诱变剂的种类、剂量都有不同的敏感性。浓度越高，处理时间越长，植物变异率就越高，但发芽率和越冬率越低。一般认为用诱变剂处理过的材料发芽率或成活率较未处理的下降 20% 为适宜的处理时间和浓度。

（三）诱变处理方法

参照实验 12 多倍体诱变处理方法。

（四）药剂处理后的漂洗、播种

经药剂处理后的材料必须用清水进行反复冲洗，使药剂残留量尽可能地降低，以终止药剂处理作用，避免增加生理损伤。一般流水冲洗约需 0.5 h 甚至更长时间。经漂洗后的材料应立即播种，播种后注意精细管理，确保处理植株能在最短时间内恢复生长。有些不能立即播种而需暂时贮藏的种子，应贮藏在 0 ℃ 左右的低温条件下。

（五）诱变效果鉴定

1. 外观形态鉴定　观察诱变材料和对照植株的外部形态特征，主要包括植株生长，如株高、生长速度、根粗、茎粗；叶形畸变，如叶片皱缩变厚不能伸展；叶色畸变，如叶片上有黄色、白色条纹或黄色斑块等。

2. 细胞学鉴定　具体方法详见实验 12 多倍体诱变细胞学鉴定。

六、实验结果与分析

1. 将观察到的诱变材料和对照植株的外部形态特征记入表 14 - 1，因诱变的目标不同，观察鉴定的性状也不同，可根据具体情况，设计调查项目。

表 14 - 1　不同浓度 EMS 对植株变异的影响

实验处理	实验材料编号	EMS 浓度	株高	根粗	茎粗	叶片大小（长、宽、厚）	叶片伸展	叶色	花色
诱变									
对照									

2. 统计出苗率、成活率、畸变率及突变率，记入表 14 - 2 中。

表 14 - 2　不同浓度 EMS 对诱变材料出苗率、成活率、畸变率及突变率的影响

实验材料编号	EMS 浓度	出苗率（%）	成活率（%）	畸变率（%）	突变率（%）

七、讨论

1. EMS 化学诱变剂的作用机制是什么？为提高诱变效果，在应用中应注意哪些问题？

2. 设计一个用 EMS 进行牧草与草坪草诱变处理的技术方案并实施。

文本：紫花苜蓿 EMS 诱变

（伏兵哲）

实验 15 牧草与草坪草抗旱性鉴定

一、实验目的

了解不同牧草与草坪草品种抗旱性的田间和室内鉴定技术，掌握各种指标的测定方法，学会利用综合评价法判断不同品种的抗旱性强弱。

二、实验原理

全球干旱、半干旱地区约占陆地面积的 35%，且有逐年增加的趋势。干旱已经成为植物生长过程中发生范围最广、最频繁的自然灾害之一，严重影响着粮食和牧草的产量、品质和效益。准确鉴定植物的抗旱性，筛选、培育抗旱性强的品种是保证粮食和牧草高产、稳产的必要措施。

牧草与草坪草在生长过程中常受到干旱胁迫，在长期适应的过程中形成了各种抗旱机能，主要体现在形态、生理生化方面。形态方面，牧草与草坪草处于干旱环境时，叶片变小、落叶，呈现不同的萎蔫程度；抗旱性强的牧草与草坪草维管束发达，叶脉致密，单位面积气孔数目多，不仅加强蒸腾作用和水分传导，而且根系发达，伸入土层更深，能有效地利用土壤水分。生理生化方面，植株受到干旱胁迫时，体内会产生具有破坏性的物质，如 O_2^-、H_2O_2 等，使膜脂过氧化作用加剧，膜透性和膜脂过氧化产物丙二醛（MDA）增加。植物体内的渗透调节物质（可溶性糖，可溶性蛋白，脯氨酸等）能够降低植物渗透势，保护细胞膜；抗氧化酶〔过氧化物酶（POD），过氧化氢酶（CAT），超氧化物歧化酶（SOD）〕能清除植物体内堆积过多的活性氧自由基，有效抑制干旱对植物造成的自由基氧化损伤。在牧草与草坪草生活史中的关键阶段（种子萌发期和幼苗生长期），根据形态、生理生化指标进行品种的抗旱性间接鉴定，可以为抗旱品种的筛选和培育提供理论依据，但因不同物种，甚至同一物种不同品种的植物对干旱胁迫的适应机能各异，间接鉴定结合田间直接鉴定才能取得较准确的评价。

三、实验材料与用具

1. 材料 紫花苜蓿、白三叶、黑麦草、早熟禾中任意一种的不同品种（种质）。大田直接鉴定法使用不同品种全生育期的植株。种子萌发期鉴定法使用不同品种的种子。室内盆栽鉴定法使用不同品种的幼苗。

2. 药品　0.1%升汞、15%PEG－6000（聚乙二醇6000）、三氯乙酸、硫代巴比妥酸、脯氨酸、3%磺基水杨酸、甲苯、冰醋酸、磷酸缓冲液、茚三酮、甲硫氨酸、核黄素、氮蓝四唑、乙二胺四乙酸二钠。

3. 用具

（1）田间及盆栽鉴定　花盆、卷尺、天平等。

（2）种子萌发期抗旱性鉴定　恒温培养箱、天平、量筒、培养皿、滤纸等。

（3）质膜透性测定　DDS－ⅡA型电导率仪、振荡器、打孔器、剪刀、试管、滤纸等。

（4）MDA、游离脯氨酸含量及SOD酶活性测定　分光光度计、冷冻离心机、恒温水浴锅、日光灯（反应试管处光照度为4 000 lx）、剪刀、研钵、移液器、具塞玻璃试管、容量瓶、烧杯、量筒等。

四、实验内容

1. 田间直接鉴定　依据牧草与草坪草不同品种在田间旱情分级标准，测定不同品种的旱害指数、旱死率及产量状况，确定不同品种的抗旱性强弱。

2. 室内鉴定　包括种子萌发期抗旱性鉴定和幼苗期抗旱性鉴定。种子萌发期抗旱性鉴定是测定干旱处理下种子发芽率、发芽指数，计算相对发芽率和萌发胁迫指数，确定不同品种的抗旱性强弱。幼苗期抗旱性鉴定是观测干旱处理下幼苗生长状况，测定幼苗叶片的质膜透性、丙二醛含量、渗透调节物质及酶活性，并对其结果进行数据分析，从而确定不同品种的抗旱性强弱。

五、实验方法与步骤

（一）田间直接鉴定

当干旱发生时，植物由于失水而逐渐萎蔫，叶片变黄并干枯，造成不同程度受害减产。在此期间的午后日照最强、温度最高的高峰过后，观察记录田间植株的生长状况，特别是叶片萎蔫程度，并采用5级计分制来评价品种的抗旱性。级数越高，表明受害程度越大，抗旱性越弱。一般情况下，不同植物受害后的田间表现不同，分级标准可根据植物的种类和受害情况来确定。

1级：幼苗正常生长，无任何受害症状。

2级：小部分叶片萎缩。

3级：大部分叶片萎缩。

4级：叶片萎缩严重，颜色显著不同于该品种的正常颜色，下部叶片开始变黄。

5 级：茎叶明显萎缩，下部叶片变黄至变枯。

根据以下公式计算旱害指数和旱死率：

$$旱害指数 = \frac{\sum 代表级值 \times 株数}{最高级值 \times 处理总株数} \times 100\%$$

$$旱死率 = \frac{死亡株数}{处理总株数} \times 100\%$$

在干旱区或干旱年份，如果实验条件允许，可以将试验地划分为正常灌溉区和干旱胁迫区。正常灌溉区根据牧草与草坪草生长习性，在各个生长关键期正常浇水。干旱胁迫区可实行全年无灌溉，把各品种分别种植于两个试验区，测定两个试验区产量，以下列公式定量评价品种的抗旱性。

$$抗旱系数（D_c） = \frac{胁迫下的平均产量（Y_d）}{非胁迫下的平均产量（Y_p）}$$

$$抗旱指数（D_l） = \frac{抗旱系数（D_c） \times 旱地产量（Y_d）}{所有品种 Y_d 的平均值}$$

（二）室内鉴定

1. 种子萌发期抗旱性鉴定　选取大小一致、整齐饱满、无病虫害的种子，将种子置于 0.1% 升汞溶液中消毒 10 min，清水冲洗干净，用吸水纸吸去多余水分。培养皿（9 cm）内铺上双层滤纸，加 10 mL PEG 溶液，对照加 10 mL 蒸馏水，每培养皿放 100 粒种子，每个品种重复 4 次。将培养皿置于恒温培养箱内，20～25 ℃下发芽。每天定时观察记录发芽情况（当种子胚根突破种皮，长度达种子长度 1/2 时视为发芽种子），并补充损失掉的蒸馏水以保证 PEG 渗透势。在规定的种子萌发天数内统计供试品种的发芽率和发芽指数，计算相对发芽率和萌芽胁迫指数。相对发芽率和萌芽胁迫指数越高，说明品种的抗旱性越强，反之则越弱。

$$发芽率 = \frac{发芽结束时发芽种子数}{总的种子数} \times 100\%$$

$$相对发芽率 = \frac{干旱处理发芽率}{对照发芽率}$$

$$发芽指数 = \sum (G_t / D_t)$$

$$萌芽胁迫指数 = \frac{干旱处理种子发芽指数}{对照种子发芽指数}$$

式中，G_t 为第 t 天种子发芽数；D_t 为相应的种子发芽的天数。

2. 幼苗期抗旱性鉴定　取等量泥土置于各盆中，用水浇透。待水渗完后，将育好的大小一致、健康的幼苗移入盆中，每盆 3～5 株，并做好标记。每盆植株的个数根据植株大小和花盆直径确定。将盆置于温室中（或置于既能避雨又能见到阳光处），正常管理，待幼苗恢复生长后，人工控制水分。实验共设4个土壤水分处理，即土壤相对含水量分别为田间持水量的80%（正常处理，即对照，用CK表示）、60%（轻度干旱胁迫，用LD表示）、40%（中度干旱胁迫，用MD表示）和20%（严重干旱胁迫，用SD表示），每个处理设4个重复。每天定时称量盆重，补充当天失去的水分，使各处理保持设定的相对含水量，干旱胁迫7～14 d。干旱胁迫天数与气候、土壤、草种等因素有关，选择适宜胁迫天数的叶片进行各项指标测定。抗旱相关指标的测定方法如下。

（1）株高和干物质胁迫指数　每个处理随机抽取5株幼苗，分别测定处理和对照植株的株高、干物质量，取其测量平均值。株高用卷尺测量基部到生长点的长度，干物质质量用精确度0.01 g的电子天平测量。

$$株高胁迫指数（PHSI）=\frac{干旱处理幼苗株高}{对照幼苗株高}\times100\%$$

$$干物质胁迫指数（DMSI）=\frac{干旱处理幼苗干物质量}{对照幼苗干物质量}\times100\%$$

株高胁迫指数（PHSI）及干物质胁迫指数（DMSI）越高，表明品种抗旱性越强。

（2）质膜透性　采用电导率法测定。随机剪下各处理的叶片，用去离子水清洗干净后擦干叶表水分，用打孔器打取直径为5 mm的小圆片10片，放入20 mL试管中，加入10 mL的无离子水，在振荡器上浸泡4 h。用雷磁DDS－ⅡA型电导率仪测定浸泡液的电导率值，再将试管在100 ℃下水浴15 min，冷却至室温摇匀后测定煮沸后的电导率值。相对电导率越大，说明干旱胁迫下伤害越重，品种抗旱性越弱。

$$相对电导率=\frac{浸泡液电导率值}{煮沸后电导率值}\times100\%$$

（3）MDA含量　采用硫代巴比妥酸法测定。称取不同品种的待测叶片0.5 g，剪碎，加入10 mL 10%三氯乙酸和少量石英砂充分研磨后，4 000 r/min离心10 min。上清液即为样品提取液。吸取2 mL提取液，加入2 mL 0.6%硫代巴比妥酸，混合物于沸水浴中反应15 min，迅速冷却离心后取上清液待测。以2 mL蒸馏水代替提取液作为空白。取上清液测定532 nm、450 nm和600 nm处的吸光值（OD值）。按以下公式计算样品提取液中MDA浓度（$\mu mol/L$），再根据材料鲜重计算样品MDA含量（$\mu mol/g$）。

$$提取液中MDA浓度（\mu mol/L）=6.45\times(OD_{532}-OD_{600})-0.56OD_{450}$$

$$样品MDA含量（\mu mol/g）=提取液中MDA浓度\times Vt\times10^{-3}/m$$

式中，Vt为提取液体积（mL）；m为样品鲜重（g）；OD_{450}、OD_{532}、OD_{600}分别表示450 nm、532 nm和600 nm波长处的吸光值。

（4）游离脯氨酸（Pro）含量　用酸性茚三酮比色法。①标准曲线的绘制。称取 10 mg 脯氨酸，用蒸馏水溶解后定容到 100 mL 容量瓶中，配制成 100 μg/mL 的脯氨酸母液；取 0.0 mL、1.0 mL、2.0 mL、3.0 mL、4.0 mL、5.0 mL 母液分别放入 6 个 50 mL 容量瓶，用蒸馏水定容，配制成 0 μg/mL、2 μg/mL、4 μg/mL、6 μg/mL、8 μg/mL、10 μg/mL 的系列标准溶液；取 6 支具塞玻璃试管，分别吸取 2 mL 系列标准溶液，加入 2 mL 3％磺基水杨酸、2 mL 冰醋酸、3 mL 酸性茚三酮显色液，混匀后于沸水浴中显色 45 min；冷却后向各试管中加入 5 mL 甲苯，充分振荡 30 s，以萃取红色物质，静置、分层；用注射器（或移液器）轻轻吸取各管上层甲苯层，以 0 μg/mL 脯氨酸为空白对照，在 520 nm 波长下比色，测定各脯氨酸标准溶液的吸光值（OD_{520}）。以 OD_{520} 为纵坐标，脯氨酸含量为横坐标，绘制标准曲线。②样品脯氨酸的测定。称取不同品种的待测叶片 0.5 g，分别置入带塞试管中，并加入 5 mL 3％的磺基水杨酸溶液，加塞后在沸水浴中浸提 10 min（提取过程中要经常摇动），冷却至室温后 3 000 r/min 离心 10 min；取上清液 2 mL，加入 2 mL 蒸馏水、2 mL 冰醋酸及 3 mL 酸性茚三酮显色液，之后按照上述标准曲线制作方法进行显色、萃取和比色。③计算。从标准曲线上查出（或回归方程式计算出）2 mL 测定液中脯氨酸的浓度，然后计算样品中脯氨酸的含量。计算公式如下：

$$脯氨酸含量（μg/g）=\frac{C×V}{m}$$

式中，C 为从标准曲线上查得的脯氨酸浓度（μg/mL）；V 为样品稀释体积（mL）；m 为样品重量（g）。

一般情况下，游离脯氨酸积累量与抗旱性成正相关，游离脯氨酸含量越高，抗旱性越强。但在某些情况下，抗旱性弱的品种，因体内水势下降得快，游离脯氨酸含量也会显著增加。

（5）SOD 酶活性　用氮蓝四唑（NBT）法测定。①酶液提取。称取不同品种的待测叶片 0.5 g 于预冷的研钵中，先加入 1 mL 磷酸缓冲液（50 mmol/L，pH 7.8），冰浴研磨成匀浆后再加入 4 mL 磷酸缓冲液，在 10 000 r/min 离心 15 min，上清液即为 SOD 粗提液。②显色反应。总反应体系 3 mL，各溶液的加入量见表 15-1。磷酸缓冲液和酶液的加入量依样品中的酶活性进行调整，如果酶活性强时，可适当减少酶液的用量。试剂全部加入混匀后，将对照管置于暗处，其他各管于 4 000 lx 日光灯下反应 20 min（要求各管受光情况一致，温度高时，照光时间缩短，温度低时，照光时间延长），随后立即遮光停止反应。③SOD 活性测定与计算。在 560 nm 波长下，以对照（暗处）调零，测定其余各管反应体系的吸光度。以对照（暗处）管 OD_{560} 的平均值（A_1）为参比（NBT 被 100% 还原），分别计算不同酶液量抑制 NBT 光还原的相对百分率。

$$\text{NBT 光还原的抑制率} = \left(1 - \frac{A_1 - A_2}{A_1}\right) \times 100\%$$

式中，A_1 为对照（暗处）管 OD_{560}；A_2 为加酶管 OD_{560}。

以酶液用量为横坐标，以 NBT 光还原的抑制率为纵坐标绘制二者相关曲线。从曲线查得 NBT 光还原的抑制率为 50% 所需的酶液量，作为一个酶活力单位（IU）。

$$\text{SOD 总活性} \left[\text{IU}/(\text{min} \cdot \text{g})\right] = \frac{V}{B \times m \times t}$$

式中，V 为酶提取液总量（mL）；B 为一个酶活力单位的酶液量（mL）；m 为样品鲜重（g）；t 为反应时间（min）。

表 15 - 1　酶活性测定显色反应体系中各试剂用量

试剂	用量（mL）	
	对照	处理
0.05 mol/L 磷酸缓冲液	1.5	1.5
750 μmol/L NBT 溶液	0.3	0.3
260 mmol/L 甲硫氨酸（MET）溶液	0.3	0.3
100 μmol/L 乙二胺四乙酸二钠（EDTA - Na$_2$）溶液	0.3	0.3
20 μmol/L 核黄素	0.3	0.3
蒸馏水	0.30	0.25
酶液	0.00	0.05

六、实验结果与分析

1. 隶属函数法　采用隶属函数分析法综合评价品种间抗旱性差异。根据公式求得各指标隶属函数值，把每一品种各指标的隶属值累加，求平均数，即为每个品种的平均隶属函数值。平均隶属函数值越大，抗旱性就越强。其中，与抗旱性正相关的指标按照下式计算隶属函数值：

$$X(u) = \frac{X_i - X_{i\min}}{X_{i\max} - X_{i\min}}$$

与抗旱性负相关的指标按照下式计算隶属函数值：

$$X(u) = 1 - \frac{X_i - X_{i\min}}{X_{i\max} - X_{i\min}}$$

式中，$X(u)$ 为各品种第 i 个指标的隶属函数值；X_i 为各品种第 i 个指标值；X_{imax} 为所用品种中第 i 个指标的最大值；X_{imin} 为所用品种中第 i 个指标的最小值。

2. 灰色关联度分析法 灰色关联度分析法也是综合评价各个牧草与草坪草不同品种间抗旱能力的方法，为了消除品种间基础性状的差异，对参与分析的指标做了处理，采用各个指标的胁迫指数进行灰色关联度分析。

$$胁迫指数 = \frac{干旱胁迫的指标值}{正常水分的指标值} \times 100\%$$

$$灰色关联度：r_i = \frac{1}{n} \sum_{k=1}^{n} \zeta_i(k)$$

式中，r_i 为比较数列（指标 i 的测定值）与参考数列（该抗旱指标的平均隶属值）的关联度；i 为指标个数；$\zeta_i(k)$ 为比较数列对参考数列在第 k 点的关联系数；n 为处理的水平数。

七、讨论

1. 植物对干旱的反应存在种性的差异，如何科学地评价不同植物的抗旱性？

2. 请选一种牧草或草坪草设计不同品种抗旱性比较试验。

（赵丽丽）

实验 16　牧草与草坪草耐盐性鉴定

一、实验目的

了解牧草与草坪草耐盐性鉴定的方法和测定的主要指标，初步掌握牧草与草坪草耐盐性鉴定的主要方法和步骤。

二、实验原理

由土壤中可溶性盐类过量对牧草与草坪草造成的损害称为盐害，牧草与草坪草对盐害的耐性称为耐盐性。土壤盐渍化对牧草与草坪草生产有着极为严重的影响，轻度盐害造成牧草与草坪草生长减缓、产量下降；重度盐害会使牧草与草坪草生长受阻甚至死亡，完不成生活史。

耐盐鉴定是一个非常复杂的问题，它不仅受外界条件（如盐渍类型、生态环境、农艺耕作措施等）的制约，而且不同种、不同品种、不同生育阶段的耐盐能力也不一样。大体分为两类鉴定方法。第一类鉴定方法为直接鉴定法，可分为种子萌发实验、幼苗盆栽实验和田间实验；第二类方法为间接鉴定法（也称生理鉴定法），主要通过牧草与草坪草在生长过程中的一些生理指标的变化来指示其受害程度。

三、实验材料与用具

1. 材料　牧草与草坪草种子、植株。

2. 用具　培养皿、滤纸、培养箱、塑料盆、电导仪、具塞刻度试管、恒温水浴锅、天平、离心机、研钵、可见分光光度计、吸管、离心管、容量瓶等。

四、实验内容

1. 不同浓度盐溶液处理对牧草与草坪草种子、幼苗和成株危害的直接鉴定　根据种子萌发和幼苗发育的表现来鉴定牧草与草坪草的耐盐性，观测指标有发芽率、保苗率、株高、生物量等。

2. 盐胁迫下对植物种子、幼苗和成株危害的间接鉴定　主要生理指标有脯氨酸、MDA、甜菜碱、叶绿素含量、根系活力、硝酸还原酶活性等。细胞结构有表皮结构、叶肉细胞超微结构的变化。

五、实验方法与步骤

（一）直接鉴定

1. 种子萌发实验 挑选饱满的牧草或草坪草种子（大粒种子 50 粒，小粒种子 100 粒）放入垫有两层滤纸的培养皿内，加 10 mL NaCl 溶液（浓度梯度依次为 0、0.5%、1.0%、1.5%、2.0%），4 个重复。放入培养箱，温度 20～25 ℃、相对湿度 40%～50%，每天补充蒸发的水分并统计发芽种子数，连续 3 d 没有发芽种子时，结束实验，最后计算发芽率及平均发芽时间，记录于表 16 - 1。

2. 幼苗盆栽实验 将待测定的牧草或草坪草种子在温水中浸泡 24 h 后播种于蛭石与珍珠岩体积比为 2∶1 的塑料盆中，出苗后，每星期用 Hongland 营养液浇灌 1 次，其余时间用称重法确定失水量，用蒸馏水补充。当苗龄达 2～3 周时定苗。待幼苗长到 5 片真叶后用浓度为 100 mmol/L、200 mmol/L、300 mmol/L、400 mmol/L、500 mmol/L 的 NaCl 溶液进行胁迫，对照（CK）只浇灌营养液，4 次重复。盐害不同时间（10 d、20 d、30 d）调查植株的盐害表现。按以下分级标准对处理单株进行调查，并记录于表 16 - 2 中。

1 级：植株生长受抑制不明显，个别叶片叶缘出现浅褐色斑。

2 级：植株生长受抑制较轻，30% 以下叶片出现褐斑。

3 级：部分植株生长受抑制，50% 叶片失绿。

4 级：植株生长受抑制，生长基本停止，大多数叶片失绿。

5 级：植株生长完全停止，大多数叶片枯死。

按下式计算盐害指数：

盐害指数＝(受害级次×每级株数)/(最高级次×调查株数)×100%

3. 田间试验 选取供试材料在适当程度的盐碱地上进行栽培试验，根据植株的生长状况及产量表现评价其耐盐性。

（二）间接鉴定

在胁迫结束后取叶片进行以下指标的测定。

1. 生理指标 质膜透性（电导仪法）、丙二醛（硫代巴比妥酸法）、游离脯氨酸（茚三酮法）、超氧化物歧化酶［氮蓝四唑（NBT）光化学还原法］、过氧化物酶（POD）等生理指标（具体生理指标测定方法见实验 15 测定方法）。

2. 超微结构的变化 胁迫结束后取从上往下数第 2 片叶片的中间部分，去除叶脉的两侧，切成 0.5 mm×1 mm，投入固定液，进行扫描电镜与透射电镜的观察。

六、实验结果与分析

根据实验完成表 16 - 1、表 16 - 2 并进行分析。

表 16 - 1　NaCl 胁迫发芽统计表

盐浓度 (mmol/L)	实验天数				发芽率	平均发芽时间
	1 d	2 d	…	结束		
0						
0.5%						
1.0%						
1.5%						
2.0%						

表 16 - 2　NaCl 胁迫植株受害级别统计表

盐浓度 (mmol/L)	分级					盐害指数
	1 级	2 级	3 级	4 级	5 级	
0						
100						
200						
300						
400						
500						

七、讨论

1. 比较牧草与草坪草耐盐性鉴定的各种方法的有效性，你认为鉴定牧草与草坪草耐盐性时应注意什么问题？

2. 以当地一种主要牧草或草坪草为实验材料设计一个耐盐性鉴定方案。

（杜利霞）

实验 17　牧草与草坪草抗虫性鉴定

一、实验目的

使学生了解和掌握牧草与草坪草种质材料或育种材料的抗虫性鉴定原理、方法与技术。

二、实验原理

虫害是造成农业减产的重要因素之一。全世界有 10 多万种昆虫，约有 50％靠采食植物为生，其中有几千种为害虫，给农业生产带来巨大损失。据统计，全世界每年因虫害造成的经济损失达 280 亿～360 亿美元。

抗虫性鉴定的具体做法因植物、因虫而异。总的要求是方法既不复杂又能如实反映抗虫程度。鉴定场所可分为田间鉴定和室内鉴定 2 种。田间鉴定又分为害虫自然发生和人工接虫 2 种做法。田间鉴定的优点是能直接反映作物品种间抗虫性的全面差异，从中发现高抗单株。缺点是易受气候和害虫天敌干扰的影响。因此，必须了解牧草与草坪草生长发育的一般规律和鉴定所在地区的环境条件特点，运用田间技术、取样方法和统计分析技术，才能做出正确评价。此外还应多点进行，并至少有 1 年的重复。室内鉴定通常在温室、实验室、生长箱内通过人工接种进行。该方法容易控制，受环境条件影响小，但由于室内人为环境不能完全反映田间自然环境，所得结果只是初步的，主要应用于大量种质资源的初步鉴定。

通过抗虫性鉴定可以选出对害虫具有抗性的品种，供生产利用，或选出具有抗虫性状的种质材料，供育种采用，培育出适合生产需要的抗虫品种，目的在于减少使用或不用化学农药，以避免农药对牧草与草坪草、环境的污染。

三、实验材料与用具

1. 材料　当地主栽牧草与草坪草的品种或种质材料，某种害虫虫源。

2. 用具　播种盘或花盆、基质（市售）、网纱、剪刀等。

四、实验内容

1. 田间调查。

2. 室内人工接虫。

五、实验方法与步骤

（一）田间调查

田间调查为自然条件下鉴定牧草与草坪草种质或育种材料抗虫性的一种方法，特别是对食叶性、刺吸性等害虫鉴定时，常采用此方法。一般以叶片的损失率作为评价指标。

1. 田间实验设计与种植管理　选择虫害发生适中的田块进行实验材料种植，实验采用随机区组设计，每份材料种植 3～4 个小区（重复），小区面积一般 1～4 m²。于当地适期播种，在害虫发生季节可根据虫害的危害情况，采用诱虫剂或杀虫剂进行控制，以维持适当的害虫群体，其他田间管理同一般大田，不增加任何特殊措施。

2. 虫害调查　主要包括虫口密度、被害程度的调查和统计分析。

（1）虫口密度调查　在虫害发生的季节进行牧草与草坪草受害情况调查，每个小区采用 5 点法取样，每个样点至少调查 10 株（枝）或 0.5 m²，一般可将被调查植株或枝条剪下，将其上附着的害虫抖落至准备好的收集容器内，统计容器内的虫口数量，以衡量牧草与草坪草品种或种质材料的抗性程度。容易找到的害虫可直接调查单株的虫口数量；钻蛀性害虫可用剖茎或剖果法调查虫口数量；数量大、个体小的害虫可用扫网法在不同寄主上分别捕获害虫，然后计算其数量和密度。

（2）被害程度调查　须依据害虫危害方式而定。危害叶部的害虫，可采用被害程度分级法。一般根据牧草与草坪草被害虫危害的程度进行抗虫性分级，见表 17-1。危害根部造成死苗的害虫（如幼虫），可通过统计死苗率评价其抗性程度。

表 17-1　牧草与草坪草抗虫性分级标准

抗虫性级别	一级	二级	三级	四级	五级
	高抗（HR）	抗（R）	中抗（MR）	感（S）	高感（HS）
虫情指数	0～0.25	0.26～0.50	0.51～0.75	0.76～1.25	1.25 以上
受害率	≤20%	21%～40%	41%～60%	61%～90%	90%以上

$$受害率（\%）=\frac{某一品种受害叶面积（受害叶片数）}{总叶面积（叶片数）}\times100\%$$

$$虫情指数=\frac{某一品种单株上某害虫发生总量的平均值}{所有品种单株该类害虫发生总量的平均值}$$

（3）统计分析方法　调查所得到的各个种质材料的被害程度，虫口密度、产卵量或其他各种数据，一般可用邓肯氏（Duncan）新复极差测验方法进行显著性检验。

（二）室内人工接虫

1. 播种育苗　实验材料种子经 0.1% 升汞溶液消毒 3～5 min 后，用清水冲洗干净，将其播于装有基质的播种盘或花盆内，播深 1 cm。每份材料重复 3～4 次，放置在 16～25 ℃温室内培养，常规管理，不做任何处理；出苗整齐后进行间苗，每盘（盆）保留相同数量的健壮幼苗。

2. 接种幼苗　待幼苗生长到 5 叶期时，将收集或培养的某虫源接种至幼苗上，每份材料接种害虫的数量一致。接种后每一材料集中用网纱（1 m×1 m×1 m）罩住，防止害虫逃走和外来天敌入侵。接种害虫 7～10 d 后进行植株危害程度和害虫数量调查。

六、实验结果与分析

将实验数据填入表 17－2 中，并进行分析。

表 17－2　牧草与草坪草抗虫性调查表

材料名称	害虫数量	受害叶片面积（数量）	总叶片面积（数量）	虫情指数	受害率（%）	抗虫类型
1						
2						
3						
4						
⋮						

七、讨论

1. 分析同一品种不同植株抗虫性差异很大的原因。

2. 分析有没有其他抗虫性评价方法和指标。

文本：紫花苜蓿抗蚜性鉴定　　文本：紫花苜蓿抗蓟马性鉴定

（刘香萍）

实验 18　牧草与草坪草抗病性鉴定

一、实验目的

使学生学习和掌握牧草与草坪草种质材料或育种材料的抗病性鉴定原理、方法与技术。

二、实验原理

病害常导致牧草与草坪草生长不良、产量大幅下降、品质降低，严重影响牧草与草坪草的利用。抗病性是种质资源抵御病害发生的潜能，受基因所控制。抗病性表现是植物各种性状中变异性比较大的，它是多种因子相互作用的综合表现，一般受寄主抗病性基因型、病原物致病基因型及寄主植物生存环境的影响。在进行抗病性鉴定时要尽可能消除种质材料以外的因素引起的误差，保持环境条件标准化、接种方法规范化和病原物遗传稳定性。

抗病性鉴定是抗病育种的重要基础，从抗原筛选、后代选择直到品种推广的全过程都离不开抗病性鉴定。狭义的抗病性鉴定是评价寄主品种、品系或种质对特定病害抵抗或感染程度，广义的抗病性鉴定还应包括病原物的致病性评价。鉴定方法包括田间自然鉴定法和室内接种鉴定法，在实际工作中则需根据牧草与草坪草种类、病害类型、目的要求和设备条件而定。

三、实验材料与用具

1. 材料　当地主栽牧草与草坪草品种或种质材料，某种病原菌。

2. 用具　温室或人工气候培养室、接种针、小喷雾器、铅笔、标签等。

四、实验内容

1. 田间自然鉴定　将待鉴定的牧草与草坪草材料播种到自然发病率高或人工接种病原物的病圃内，在田间进行自然诱发鉴定和人工诱发鉴定。

2. 室内接种鉴定　将病原菌孢子或病毒直接接种在温室或人工气候环境条件种植的牧草或草坪草植株叶片、茎干或根上，经过一段时间侵染后，根据植株的表现进行抗病性鉴定。

五、实验方法与步骤

（一）田间自然鉴定

自然发病条件下的田间鉴定是鉴定抗病性的最基本方法，尤其是在各种病害的常发区，进行多年、多点的联合鉴定是一种有效方法。它能对育种材料或品种的抗性进行最全面、严格的调查。

1. 田间实验设计与种植管理　选择病害发生适中的田块或病害鉴定圃进行实验材料种植，实验采用随机区组设计，每份材料种植 3～4 个小区（重复），小区面积一般为 4～15 m²。以当地抗病或感病品种为对照。在当地适宜期播种或栽植。在鉴定区周围可种植若干行感病品种作为诱发行，以增加感染强度。

2. 病害调查　在病害发生的季节或当感病对照品种达到高度发病时进行牧草与草坪草受害情况调查，每个小区采用 5 点取样法，每个点随机选取 20 株（枝）以上进行病情调查。

（二）室内接种鉴定

1. 播种育苗　实验材料种子经 0.1％升汞溶液消毒 3～5 min 后，用清水冲洗干净，将其播于装有基质的播种盘或花盆内，播深 1 cm。每份材料重复 3～4 次，放置在 16～25 ℃温室内培养，常规管理，不做任何处理；出苗整齐后进行间苗，每盘（盆）保留相同数量的健壮幼苗。

2. 接种液的制备　从田间新鲜病株上采集病原菌体，带回实验室进行病原菌孢子体分离培养，待使用时用蒸馏水将分生孢子体配制成合适的孢子悬浮液。

3. 接种幼苗　待幼苗生长到 5 叶期时，将配制好的接种液喷洒在幼苗上，每份材料喷洒的菌液量相同。接种后将幼苗放置在适宜菌株生长的条件下生长，待病原菌侵染 7～10 d 后进行病情调查。

六、实验结果与分析

植物抗病性通常采用发病率、严重度和病情指数等指标来进行评价。

发病率是表示群体发病情况的指标，用百分数表示。如病株率、病叶率、病穗率等。其计算公式为：

$$发病率 = \frac{病株或病器官数}{调查植株数或器官总数} \times 100\%$$

严重度是表示个体发病情况的指标。对一些连续症状的病害，不能简单地把感病植株和未感病植株分开，因此用严重度表示，其计算公式为：

$$严重度=\frac{器官染病面积或体积}{器官总面积或总体积}\times100\%$$

病情指数是发病率和严重程度的综合值，是将发病率和严重度两者结合在一起来全面说明病害发生程度的指标。它是根据一定数目的植株（器官），按发病程度将病株（器官）分成不同的级别，按各病级统计发病植株（器官）数，用于表示平均发病程度的数值。其计算公式为：

$$病情指数=\frac{\sum[病级植株（器官）数\times病级代表数值]}{调查植株（器官）总数\times发病最高级的代表数值}\times100\%$$

将测定的各指标值填入表 18-1。

表 18-1　牧草与草坪草抗病性调查表

材料名称	病株（器官）数	调查植株（器官）总数	发病率（%）	严重度（%）	病情指数（%）
1					
2					
3					
4					
⋮					

七、讨论

1. 同一材料的不同单株有时抗病性差异很大，试分析其可能原因。

2. 根据牧草与草坪草病害鉴定方法，制订某一牧草或草坪草某一特定病的抗病性鉴定方案。

文本：紫花苜蓿褐斑病抗性鉴定　　文本：牧草与草坪草主要病害抗性鉴定方法

（刘香萍）

实验 19　牧草品质鉴定

一、实验目的

了解不同牧草品种的含水量、粗蛋白质、粗脂肪、粗纤维、无氮浸出物、粗灰分、钙、磷等主要营养成分及其测定方法，掌握牧草品质鉴定方法与步骤。

二、实验原理

牧草高产优质是草牧业生产的根本目的。牧草品质的优劣不仅影响家畜的生长发育，还影响畜产品的产量和质量。在现代草牧业生产中，改善牧草品质、降低有毒有害物质含量、提高营养价值越来越重要。决定牧草品质优劣的性状较多，通常主要以营养价值、适口性、消化率以及有毒有害物质的含量等指标加以评价。本实验主要基于牧草适宜收获期饲用部分的营养成分进行品质鉴定与评价。牧草营养价值的高低主要取决于营养成分的种类和数量，包括含水量、粗蛋白质、粗脂肪、粗纤维、无氮浸出物、粗灰分、钙、磷及其他常量或微量元素、构成蛋白质的氨基酸、重要的维生素等。其中，粗蛋白质和粗纤维含量是 2 项重要的指标，也是牧草育种的主要目标性状，提高粗蛋白质含量、降低粗纤维含量是提高牧草营养价值、改善牧草品质的重要内容，但牧草品质评价是一个复杂的过程，单个或某几个营养指标并不能全面、准确地比较同类牧草不同品种（品系）的营养价值。因此，在做牧草品质评价时，常常引入隶属函数分析法、灰色关联度分析法等数学方法。

三、实验材料与用具

1. 材料　燕麦、鸭茅、多年生黑麦草、沙芦草、紫花苜蓿、红豆草等牧草中某一种牧草的不同品种（种质、品系）。

2. 药品及用具　参照 GB/T 14699.1、GB/T 20195、GB/T 6432、GB/T 6433、GB/T 6434、GB/T 6435、GB/T 6436 和 GB/T 6437 等国标和 NY/T 1459 行标进行准备。

四、实验内容

1. 牧草样品的制备。

2. 牧草营养成分的检测。

3. 牧草营养价值或品质的评价。

五、实验方法与步骤

（一）牧草样品的制备

1. 适宜刈割期的确定 各类牧草适宜刈割时期不同。燕麦、鸭茅、多年生黑麦草和沙芦草等禾本科牧草以抽穗至开花期刈割为宜，紫花苜蓿、红豆草等豆科牧草以初花期刈割为宜，但红豆草适宜刈割期可推迟至盛花期，直立黄芪（沙打旺）不迟于现蕾期。

2. 采样方法 按照 GB/T 14699.1 执行。

3. 样品制备 样品根据 GB/T 20195 制备，置于 65 ℃的烘箱内，烘干后研磨，过 1 mm 筛，备用。

（二）牧草营养成分的检测

1. 水分 按照 GB/T 6435 的规定执行。

2. 粗蛋白质 按照 GB/T 6432 的规定执行。

3. 中性洗涤纤维 按照 GB/T 20806 的规定执行。

4. 酸性洗涤纤维 按照 NY/T 1459 的规定执行。

5. 粗灰分 按照 GB/T 6438 的规定执行。

6. 粗脂肪 按照 GB/T 6433 的规定执行。

7. 粗纤维 按照 GB/T 6434 的规定执行。

8. 无氮浸出物 无氮浸出物（%）=100−[水分（%）+粗蛋白质（%）+粗脂肪（%）+粗纤维（%）+粗灰分（%）]＝干物质（%）−[粗蛋白质（%）+粗脂肪（%）+粗纤维（%）+粗灰分（%）]

9. 钙 按照 GB/T 6436 的规定执行。

10. 总磷 按照 GB/T 6437 的规定执行。

（三）牧草营养价值或品质的评价

采用隶属函数分析法综合评价品种间牧草品质差异。根据公式求得各指标隶属函数值，把每一品种各指标的隶属值累加求平均数，即为每个品种的平均隶属函数值。平均隶属函数值越大，牧草营养价值或品质就越好。其中，与营养价值或品质正相关的指标按照以下公式计算隶属函数值：

$$X(u) = \frac{X_i - X_{i\min}}{X_{i\max} - X_{i\min}}$$

与营养价值或品质负相关的指标，按照以下公式计算隶属函数值：

$$X(u) = 1 - \frac{X_i - X_{i\min}}{X_{i\max} - X_{i\min}}$$

式中，$X(u)$ 为各品种第 i 个指标的隶属函数值；X_i 为各品种第 i 个指标值；X_{imax} 为所用品种中第 i 个指标的最大值；X_{imin} 为所用品种中第 i 个指标的最小值。

六、实验结果与分析

所测数据记录到表 19-1。

表 19-1　牧草营养成分（%）

牧草品种（品系）	含水量	粗蛋白质	粗脂肪	粗纤维	无氮浸出物	粗灰分	钙	磷	……	隶属函数值	排序

七、讨论

1. 分析禾本科和豆科牧草各营养成分指标，总结豆科和禾本科牧草营养成分特点。

2. 比较不同品种（品系）牧草各营养指标，并进行营养价值综合评价。

（兰剑）

实验20　草坪草坪用性状鉴定

一、实验目的

了解草坪草坪用性状的鉴定指标、方法与标准，初步掌握草坪草坪用性状鉴定的主要方法和步骤。

二、实验原理

利用草坪草单项坪用指标来评价草坪质量高低或草坪草坪用性状优劣带有片面性，应选择草坪或草坪草的多项指标对其进行综合评价，得出的草坪质量或草坪草坪用性状才具有全面性和可靠性。草坪质量或草坪草坪用性状的评价因草坪（草）利用目的不同，所采用的评价指标、指标的分级标准以及各指标的重要性（权重）均不同，采用"统一评估、指标加权、分类比较"的方法，可解决不同利用目的的草坪（草）的评价。在加权评分法中首先要将被测草坪（草）评价指标的实测值与各指标的分级标准进行对比，得到该草坪（草）在各指标上的得分，再将各指标的得分与指标权重相乘，累加后即得加权平均数，最后根据加权平均数的分级标准确定被测草坪质量或草坪草坪用性状优劣的等级。

三、实验材料与用具

1. 材料　在校园内选择观赏草坪、游憩草坪或运动草坪等2～3类，也可选2～3种草坪草或某草坪草2～3个品种。本实验以前者为例。

2. 用具　样方、卷尺、刺针、强度计、直尺、剪刀、记录簿、比色卡、分光光度计等。

四、实验内容

1. 草坪草主要坪用性状的观测。
2. 草坪质量综合评价。

五、实验方法与步骤

1. 每个评价小组由5～7位同学组成，根据草坪类型确定草坪质量评价的体系、指标、标准和测定方法（表20-1）。

表 20-1 草坪质量评价指标和方法

项目	测定方法（单位）	备注
草种组成	针刺样方法（%）	分种记录
盖度	点刺法（%）	
密度	样方刈割法（枝/cm²）	
成坪速度	样方法（盖度达 75% 时所需天数）	
均一性	样线法（杂草度）（%）或观察法	
质地	平均叶宽（量度法）（cm）	分种记录
生育期	观察法	
分蘖类型	观察法	分种记录：疏丛型、密丛型、根茎型、根茎疏丛型、匍匐型
分类	单株测定（分蘖/株）	分种记录
光滑度	球旋转测定器法（压强为 73.575 kPa 足球，从 45° 的斜面、高 1 m 处自由下滑）	滑动距离，偏向角
色泽	比色卡法或分析法	
恢复力	刈割法（平均日生长高度）（mm/d）	分种记录
刈割后 30 d 的高度（cm）	测定自然高度	
有机质层	剖面法（厚度）（cm）	
夏枯	样方法（60% 植株 50% 部位枯黄）	
病害	观察法	
虫害	观察法	
杂草	观察法	
耐践踏性	用压力为 100 kg/100 cm² 的物体在草坪上来回滚动 10 次，1 周后观察草坪的恢复情况	
草坪强度	草坪强度计测定	
绿色期	60% 变绿至 75% 变黄天数（d）	春季返青至冬季休眠的天数

2. 每位同学各自根据以下统一的评价标准给各项指标评分（打分）（表 20-2）。

表 20-2 草坪质量、草坪草坪用性状评定标准

性状	级别（评分）				
	V（<60）	IV（60~70）	III（71~80）	II（81~90）	I（>90）
密度（枝/cm²）	<0.5	0.5~1.0	1.1~2.0	2.1~3.0	>3.0
质地（cm）	>0.5	0.4~0.5	0.3~0.4	0.2~0.3	<0.2

（续）

性状	级别（评分）				
	V（<60）	IV（60～70）	III（71～80）	II（81～90）	I（>90）
色泽	黄绿	浅绿/灰绿	中绿	深绿	浓绿
均一性	杂乱	不均一	基本均一	整齐	很整齐
绿色期	<200	200～230	231～260	261～290	>290
盖度	大面积裸露	部分裸露	零星裸露	枝条清晰可见	草坪成一整体
草坪强度	弱	较弱	中等	较强	强
耐践踏性	<60	60～69	70～79	80～89	>89
成坪速度（d）	>59	50～59	40～49	30～39	<30
刈割后30 d的高度	极高	较高	高	低	极低

3. 确定各项指标的权重（表20-3）。

表20-3　不同草坪类型草坪质量评价指标的权重

草坪类型	10个指标的权重									
	密度	质地	色泽	均一性	绿色期	刈割后30 d的高度	盖度	耐践踏性	成坪速度	草坪强度
观赏草坪	0.20	0.15	0.20	0.15	0.10	0.05	0.10	0.00	0.05	0.00
游憩草坪	0.10	0.10	0.10	0.10	0.10	0.10	0.10	0.15	0.05	0.10
运动草坪	0.10	0.05	0.10	0.10	0.05	0.10	0.05	0.20	0.05	0.20
水土保持草坪	0.10	0.05	0.10	0.10	0.10	0.05	0.10	0.00	0.20	0.00

4. 用加权平均数计算草坪质量的总分。

5. 根据总体评价的分值确定质量等级或2个以上同类草坪质量等级的排序（表20-4）。

表20-4　草坪质量等级标准

等级	质量评价得分	质量评价等级
I	90～100	优秀
II	80～89	良好

（续）

等级	质量评价得分	质量评价等级
III	70～79	一般
IV	60～69	较差
V	＜60	差

六、实验结果与分析

将拟评价草坪草的质量等级结果填入表20-5。

表 20-5　拟评价草坪草的质量等级与排序

草坪草地块编号	实际得分	质量评价等级	排序

七、讨论

1. 在草坪草坪用性状鉴定时应该注意哪些事项?

2. 分析同一品种（品系）不同人（组）打分结果有无差异，如果有差异分析其原因。

（兰剑）

分子实验

实验 21 牧草与草坪草组织培养及遗传转化体系建立

一、实验目的

掌握牧草与草坪草组织培养操作的基本技能，了解其在科研和生产领域的应用，加深对无菌操作的了解。

二、实验原理

植物组织培养（plant tissue culture）指用植物的离体器官、组织或细胞在人工控制的环境下进行培养发育，获得再生植株的技术。植物组织培养的理论基础是细胞全能性。植物细胞的全能性（totipotency）是指植物的每个活细胞都具有该植物全部遗传信息和在一定条件下发育成完整植株的潜在能力。外植体（explant）指用于组织培养的离体植物材料，包括离体的植物器官、组织和细胞等。

三、实验材料与用具

1. 材料 牧草与草坪草外植体（幼叶、芽、幼胚等组织）。

2. 药品 MS 培养基配制所需各种试剂（详见表 21 - 1MS 培养基母液配制表），75％乙醇，琼脂，蔗糖。

3. 用具 高压灭菌锅、超净工作台、万分之一天平、移液枪、量筒、容量瓶、三角瓶等。

四、实验内容

1. MS 培养基母液配制。

2. MS 培养基配制与灭菌。

3. 外植体接种。

4. 愈伤组织形成及植株再生。

五、实验方法与步骤

（一）MS 培养基母液配制

为了使用方便和用量准确，常常将常量元素、微量元素、铁盐、有机物类、激素类分别配制成培养基配方需要量若干倍（10 倍或 100 倍）的母液。当配制培养基时，只需要按预先计算好的量吸取一定体积的母液即可。

1. 常量元素母液的配制 按照培养基配方的用量（表 21-1），把各种常量元素无机盐的用量分别 10 倍称重，置于 50 mL 小烧杯中，用蒸馏水分别溶解后（必要时加热溶解），倒入 1 000 mL 容量瓶中，并用蒸馏水定容。注意，在混合定容时，氯化钙必须最后加入，因氯化钙与磷酸二氢钾能形成难溶于水的沉淀。将配好的混合液倒入细口瓶中，贴上标签，置冰箱中存放。配制培养基时，每配制 1 000 mL 取此液 100 mL。

2. 微量元素母液的配制 按照培养基配方的用量（表 21-1），把各种微量元素无机盐的用量分别 100 倍称量，置于 50 mL 烧杯中，分别溶解后，再混合定容于 1 000 mL 容量瓶中，将混合液倒入细口瓶中，贴上标签，存放于冰箱中。配制培养基时，每配制 1 000 mL 取此液 10 mL。

3. 铁盐母液的配制 目前常用的铁盐是硫酸亚铁和乙二胺四乙酸二钠的螯合物，这种螯合物使用方便，比较稳定，不易发生沉淀，常配成 200 倍母液。称取硫酸亚铁（$FeSO_4 \cdot 7H_2O$）5.56 g，乙二胺四乙酸二钠（EDTA-Na_2）7.46 g，分别溶解后混合（溶解时可加热），定容于 1 000 mL 容量瓶中，置常温下存放。每配制 1 000 mL 培养基取此液 5 mL。

4. 有机物母液的配制 MS 培养基中，有机物为甘氨酸、维生素 B_1（硫胺素）、维生素 B_6（吡哆醇）、烟酸、肌醇，常配成 1 000 倍或 100 倍母液。本实验按照培养基配方的 100 倍量称取，分别溶解后混合定容于 1 000 mL 容量瓶中。配制培养基时，每配制 1 000 mL 取此液 10 mL。

表 21-1 MS 培养基常量元素、微量元素、铁盐、有机物母液配制表

母液类别	试剂名称	每升培养基用量（mg）	扩大倍数	母液体积（mL）	称取量（mg）	每升培养基吸取母液量（mL）
常量元素	KNO_3	1 900			19 000	
	NH_4NO_3	1 650			16 500	
	$MgSO_4 \cdot 7H_2O$	370	10	1 000	3 700	100
	KH_2PO_4	170			1 700	
	$CaCl_2 \cdot 2H_2O$	440			4 400	

（续）

母液类别	试剂名称	每升培养基用量（mg）	扩大倍数	母液体积（mL）	称取量（mg）	每升培养基吸取母液量（mL）
微量元素	$MnSO_4 \cdot 4H_2O$	22.3	100	1 000	2 230	10
	$ZnSO_4 \cdot 7H_2O$	8.6			860	
	H_3BO_3	6.2			620	
	KI	0.83			83	
	$Na_2MoO_4 \cdot 2H_2O$	0.25			25	
	$CuSO_4 \cdot 6H_2O$	0.025			2.5	
	$CoCl_2 \cdot 6H_2O$	0.025			2.5	
铁盐	EDTA - Na_2	37.3	200	1 000	7 460	5
	$FeSO_4 \cdot 7H_2O$	27.8			5 560	
有机物	甘氨酸	2.0	100	1 000	200	10
	维生素 B_1（硫胺素）	0.4			40	
	维生素 B_6（吡哆醇）	0.5			50	
	烟酸（维生素 PP）	0.5			50	
	肌醇（环己六醇）	100			10 000	

5. 激素母液的配制　激素的用量变化范围大，每种激素必须单独配制。一般常用浓度在 0.02～2 mg/L 之间，配制母液时，往往以每毫升所含量（mg）来计算，具体配法如下。

（1）2，4 - D（2，4 - 二氯苯氧乙酸）不溶于水，可用 1 mol/L NaOH 或少量 95％乙醇溶解后，再加水定容至一定浓度。

（2）NAA（萘乙酸）可用热水或少量 95％乙醇溶解后，再加水定容至一定浓度。

（3）IAA（吲哚乙酸）、IBA（吲哚丁酸）、GA_3（赤霉素）可用少量 95％乙醇溶解，然后加水定容，如溶解不完全再加热。

（4）KT（6 - 呋喃氨基嘌呤）和 6 - BA（6 - 苄基氨基嘌呤）可用少量 1 mol/L HCl 或 1 mol/L NaOH 溶解，然后加水定容。

（5）ZT（玉米素）先溶于少量 95％乙醇中，再加热水至一定浓度。

母液配好后，存放于 4 ℃冰箱中，可保存几个月，若母液中出现沉淀或霉团，则不能继续使用。

（二）MS 培养基配制与灭菌

1. 混合母液　在烧杯中放入一定量的蒸馏水，以配制 1 L 烟草愈伤组织培养基［MS＋2 mg/L 6 - BA＋30 mg/L Hyg（潮霉素）＋0.5 mg/L IAA＋400 mg/L Cef（头孢霉素），pH 5.8］为例，用量筒或移液枪按用量从母液中取出所需的常量元素、微量元素、铁盐、有机物、激素。加入蔗糖 30 g，加水定容至 1 L。

2. 调节 pH 用 1 mol/L NaOH 或 1 mol/L HCl 将 pH 调至 5.8（用 pH 试纸或酸度计测试），调时用玻璃棒不断搅动。

3. 加琼脂粉 加入琼脂 8 g，加热熔解，熔解过程中要不断搅拌，以免造成浓度不均匀。可在烧杯上盖上玻璃片或铝箔等，防止加热过程中的水分蒸发。

4. 分装培养基 将配制好的培养基在琼脂没有凝固的情况下，用玻璃漏斗尽快分装到试管、三角瓶等容器中。分装时不可将培养基倒在管口（或瓶口）内外壁上，以防引起污染。分装后的培养基应尽快用硫酸纸包好，线绳扎牢，并注明培养基编号。

5. 培养基灭菌 灭菌前应检查高压灭菌锅底部的蒸馏水是否充足，然后将灭菌的培养基进行编号，放入灭菌锅，0.11 MPa、120 ℃下灭菌 15～20 min（注意无菌水和接种用具等同时放入高压灭菌锅灭菌）。注意灭菌时间过长易造成蔗糖等有机物分解，使培养基变质；灭菌时间过短易造成灭菌不彻底，引起培养基污染。灭菌后应切断电源，关闭灭菌锅，待压力接近 0 时，才可打开放气阀，排出剩余蒸汽，取出培养基。

6. 培养基的存放 灭菌后的培养基不要马上使用，预培养 3 d 后，若没有污染，才可使用，否则由于灭菌不彻底或封口材料破坏等原因造成培养材料损失。一般情况下，配制好的培养基应放在洁净、无尘、遮光的环境贮存，并在 2 周内用完，含有生长调节物质的培养基应在 4 ℃低温保存。

（三）外植体接种

1. 接种前要先对接种室或无菌操作室进行消毒，可采用高锰酸钾甲醛定期熏蒸法。接种前用 75％乙醇棉球擦拭台面，再用紫外灯照射超净工作台 20 min。

2. 选取外植体，先用自来水冲洗，纱布轻吸表面多余水分，然后在 75％乙醇中浸泡 30 s，再用无菌水冲洗 3 次后用 0.1％升汞溶液浸泡 8～10 min，其间不时轻轻搅动。

3. 用无菌水冲洗 4～5 次，转入垫有滤纸的预先灭菌的培养皿中，用解剖刀将外植体切割成 6～8 mm^2 的小块，每瓶 MS 培养基中可接种 4～6 块。

4. 接种后写上接种时间、外植体名称再放到培养室中培养。培养室的温度为（25±2）℃，每天照明 12 h，光照度为 2 000 lx。

（四）愈伤组织形成及植株再生

1. 接种 1 周后，观察外植体外形及颜色变化；接种 3 周后，肉眼可见外植体四周有幼芽长出，用无菌刀切取有幼芽生长的愈伤组织，按照接种步骤操作转移至分化培养基（MS＋0.5 mg/L 6-BA＋30 mg/L Hyg＋2 mg/L IAA＋400 mg/L Cef，pH 5.8，适用于烟草）上，后放入培养室继续培养。

2. 待新生幼芽长到 1～2 cm 高度时，用无菌刀将新生幼芽切下，转入生根培养基（MS＋30 mg/L Hyg＋200 mg/L Cef，pH 5.8，适用于烟草）。

3. 待须根长出后，将幼苗由培养室移出，炼苗后转入装有蛭石的培养钵（花盆）中继续培养。

六、实验结果与分析

接种后注意观察记录各种培养基上外植体愈伤组织生长和根芽分化时间、数量，并进行统计分析。主要观察记录项目有以下几方面。

1. 外植体名称、消毒方法、接种时间、数量、培养基编号。

2. 接种 1 周后观察外植体外形及颜色变化。

3. 接种 2 周后统计污染率。

七、讨论

不同激素配比对愈伤组织和根芽分化有何影响？

文本：老芒麦再生体系建立

（张攀）

实验22　牧草与草坪草花药（粉）离体培养技术

一、实验目的

了解牧草与草坪草花药（粉）培养的基本原理，学会鉴定不同牧草与草坪草进行花药培养、花粉发育的最适时期，掌握花药（粉）培养的基本方法和技术要领，能够根据花药培养基本原理及影响条件设计探索不同牧草与草坪草的最适培养条件。

二、实验原理

花药（粉）离体培养是组织培养技术的一种。在离体培养条件下，由于花粉正常的发育途径受到抑制，通过诱导花粉发育，使配子体转为孢子体发育途径，即在第2次有丝分裂时，不进行有丝分裂形成2个精子核，而是如同胚细胞一样持续分裂增殖，之后通过器官发生途径或胚状体发生途径形成单倍体植株，后经人工或天然染色体加倍技术（见实验12），快速获得纯系材料，提高育种效率，加速育种进程，并有助于解决异花授粉植物杂种优势利用中遗传纯合难的问题。

花药培养诱导形成单倍体植株的频率受到外植体基因型、花粉发育阶段或预处理、培养方式和条件等诸多因素影响。供体植株的基因型在决定花粉植株产生频率的大小中起着重要的作用，因此选择高频率再生的基因型是花药培养的首要任务。此外，只有花粉发育到一定阶段，通过离体培养才能产生胚性愈伤组织、胚状体，培育产生单倍体植株。将花药进行预处理可以在一定程度上提高花粉胚及愈伤组织的诱导率。预处理就是在细胞水平上打乱细胞结构进行重组，启动小孢子的全能性；预处理的主要方式有低温、热激、离心、甘露醇、辐射、高渗处理等。这些方式可起到保持花粉活力、调节内源激素的种类和比例、诱导雄核发育等作用，从而促进花粉植株的诱导频率。离体花药的培养条件（包括光照、温度和接种密度）和植物激素（包括种类、水平和配比）对诱导小孢子启动、分裂、生长、分化和雄核发育起着关键性的作用。在培育不同的材料时需进行激素的筛选实验，在培养基中添加一些其他物质可以提高花药培养的成功率。

三、实验材料与用具

1. 材料　紫花苜蓿不同发育时期花蕾，冰草花药等。

2. 药品　MS 培养基粉末、NB（营养肉汤）培养基粉末、蔗糖、琼脂粉、无菌水、70%乙醇、0.1%升汞、FAA 固定液（冰乙酸：甲醇＝1：3 混合，现用现配）、2，4 - D、NAA、6 - BA、KT（激动素）等。

3. 用具　超净工作台、灭菌锅、pH 计、万分之一天平、流式细胞仪（选用）、显微镜、光照培养箱或组培室、剪刀、镊子、解剖针、载玻片、盖玻片、培养皿、玻璃棒、烧杯、三角瓶、40 μm 滤膜、滤纸等。

四、实验内容

1. 紫花苜蓿花药（粉）培养技术。
2. 冰草花药培养技术。

五、实验方法与步骤

（一）紫花苜蓿花药（粉）培养技术

1. 花粉发育时期观测及选材　在苜蓿开花期，取发育状态良好、不同发育时期的花蕾，迅速用解剖针取出花药，用 FAA 固定液固定 24 h，70%乙醇保存备用。在显微镜下用醋酸洋红染色压片法镜检花粉的发育阶段，寻找处于单核中期到单核靠边期的花蕾外部形态特征，该时期的花粉最适合进行花药培养。一般情况下，该时期苜蓿花蕾和花萼等长，呈绿色，花药也是绿色。

2. 材料的处理及消毒　选取处于适宜期的花蕾，在 4 ℃条件下预处理 2 d，用 70%乙醇浸泡 15～30 s，再用 0.1%升汞浸泡 10 min（滴加 1 滴吐温 - 20），然后用无菌水冲洗 3～5 次，用灭菌的滤纸吸干残液，备用。

3. 诱导愈伤组织　在无菌条件（超净工作台）下，用灭菌的解剖针和镊子取出花药（解剖花药时尽量不要碰破花药壁，除去花丝，并剔除不属于所需发育阶段的花药），接种到愈伤组织诱导培养基上。每个培养基接种 10～20 个花药，封上封口膜，32 ℃热激 2 d，后于培养箱中培养，先在 25 ℃下暗培养到出现愈伤或胚状体（约 2 周），然后在光照度 1 500 lx、光周期 16 h 条件下继续培养，每 2 周继代 1 次。参考培养基：NB＋0.5 mg/L 2，4 - D＋0.3 mg/L NAA＋0.5 mg/L 6 - BA＋3 mg/L KT＋30 g/L 蔗糖＋7.0 g/L 琼脂，pH 5.8。

4. 诱导分化　愈伤培养 45～60 d 时，将愈伤组织转移到分化培养基上，每瓶接种 3～4 块，根据诱导情况及时进行继代培养，约 3 周后出现绿色再生芽。参考培养基：MS＋0.2 mg/L NAA＋3 mg/L 6 - BA＋30 g/L 蔗糖＋

7.0 g/L 琼脂，pH 5.8。

5. 生根及倍性鉴定 当再生芽长到 1～2 cm 时，将其切下，转入生根培养基中进行生根培养。当幼苗根长到 1 cm 左右时，用显微镜（根尖细胞染色体分析）或流式细胞仪进行倍性分析。参考培养基：1/2 MS＋0.2 mg/L NAA＋15 g/L 蔗糖＋7.0 g/L 琼脂，pH 5.8。

6. 幼苗移栽 经染色体分析确定是单倍体的幼苗，进行炼苗后温室培养。在温室前几天可以覆盖塑料薄膜，等适应外界温湿度时，渐次打开，进行正常培养。

（二）冰草花药培养技术

1. 材料预处理及消毒 通过显微镜镜检，确定并采集处于单核中晚期的冰草花药。用 70% 乙醇浸泡 15～30 s，再用 0.1% 升汞浸泡 5 min（滴加 1 滴吐温-20），然后用无菌水冲洗 3～5 次，用灭菌的滤纸吸干残液，备用。

2. 用解剖针剥取花药，进行组织培养 具体步骤同紫花苜蓿花药（粉）培养，包括诱导愈伤组织、诱导分化、生根及倍性鉴定和幼苗移栽等步骤。参考培养基为：诱导愈伤组织，MS＋0.5 mg/L 2,4-D＋1 mg/L KT＋30 g/L 蔗糖＋7.0 g/L 琼脂；诱导分化，MS＋0.2 mg/L NAA＋3.0 mg/L 6-BA＋30 g/L 蔗糖＋7.0 g/L 琼脂；诱导生根，1/2 MS＋0.2 mg/L NAA＋15 g/L 蔗糖＋7.0 g/L 琼脂。

六、实验结果与分析

分别统计出愈率、分化率以及单倍体诱导率。

$$出愈率＝诱导愈伤组织数/花药数 \times 100\%$$
$$分化率＝分化出芽的愈伤组织数/接种愈伤组织数 \times 100\%$$
$$单倍体诱导率＝鉴定单倍体株数/再生植株数 \times 100\%$$

七、讨论

1. 牧草或草坪草花粉发育不同时期的细胞学特征如何？

2. 从哪些方面提高牧草与草坪草花药培养的出愈率和分化率？

文本：紫花苜蓿花粉离体培养技术

（张志强）

实验 23　牧草与草坪草远缘杂交易位系和附加系核型分析

一、实验目的

在牧草与草坪草花药发育阶段，学习减数分裂的核型分析方法，以便选育出远缘杂交的易位系和附加系，为后期远缘杂交后代筛选提供依据。

二、实验原理

远缘杂交因其遗传背景差异，在减数分裂中期同源染色体进行二价体配对时，附加系中会出现单价体，易位系会形成四价体易位环，通过对杂种后代减数分裂中单价体和易位环的观察和分析，从而甄别出远缘杂交附加系和易位系。

三、实验材料与用具

1. 材料　紫花苜蓿（豆科）为花序刚刚形成尚未散开时。黑麦草（禾本科）为穗即将抽出旗叶时。蒲公英（菊科）为早期尚未开放的花蕾。

2. 药品　卡诺固定液（冰醋酸：无水乙醇＝1：3）、70％乙醇、卡宝品红染色液或醋酸洋红染色液（配制见实验6）、1 mol/L HCl溶液等。

3. 用具　剪刀、镊子、酒精灯、载玻片、盖玻片、显微镜、培养箱、普通冰箱等。

四、实验内容

1. 根据杂交后代的表型，选出附加系和易位系的候选材料。
2. 在适宜花期（花蕾形成早期）进行取样，处理。
3. 实验室进行核型分析。
4. 照相后与亲本比较，根据核型分析结果并结合杂交后代的表型，筛选出远缘杂交目的材料。

五、实验方法与步骤

1. 取样　初花期（花蕾刚刚形成时）上午 8：00—12：00 每隔 0.5 h 进行取样。

2. 固定　取完整花序置入卡诺固定液固定 24 h。

3. 脱水处理　25 ℃下，分别用 90％乙醇处理 0.5 h，80％乙醇处理 0.5 h。

4. 保存　放入 70％乙醇，4 ℃冷藏。

5. 解离处理　载玻片上剥离花药，用 1 mol/L NaCl，在 60 ℃下处理 5～10 min，清水冲洗干净。

6. 染色　滴一滴卡宝品红（或醋酸洋红）染色液于花药上，盖上盖玻片进行压片处理，适当火烤（2 s）处理着色。

7. 镜检　先在 40×（放大倍数为 40 倍）下观察并找到染色体，再换成 100×（放大倍数为 100 倍）详细观察并照相或绘图。

8. 核型分析　绘制附加系和易位系核型分析图，结合表型分析杂交后代。

六、实验结果与分析

与亲本染色体比对，确认附加系和易位系。

七、讨论

1. 附加系和易位系观察材料的筛选根据是什么？
2. 易位系和附加系形成对远缘杂交有何意义？

（高景慧）

实验 24 远缘杂交后代幼胚拯救技术

一、实验目的

学习掌握远缘杂交后代幼胚拯救的技术方法。

二、实验原理

远缘杂交技术已成为植物育种取得突破性进展的关键环节。由于远缘杂交亲本之间的不亲和性等诸多因素，导致杂种胚过早败育，成为远缘杂交工作的主要障碍之一。通过离体幼胚拯救技术，可以有效避免杂种胚的败育，使之成苗并结实，应用于育种实践。

植物胚是一个具有全能性的多细胞结构，为新一代植物体。一般而言，胚在适宜的条件下能正常发育成熟，直接播种就可生长成完整植株。但在植物远缘杂交中，获得的合子胚往往在发育早期阶段就败育或退化，无法收获杂交种。胚拯救的主要内容是胚的培养，是针对那些具有营养、生理或遗传等个别或综合问题而无法依靠播种得到植株，或发育早期阶段就败育或退化的胚进行离体培养，提供充分而适宜的生长环境，使其生长发育形成成熟植株。胚的活体转移、活体培养和离体培养是 3 种植物幼胚拯救方法，其中以离体培养操作便捷，适用范围更宽广，幼胚、败育或退化的胚都可作为培养材料，且效果也较好。

三、实验材料与用具

1. 材料 老芒麦和垂穗披碱草远缘杂交 10 d 左右的穗子。

2. 药品 MS 培养基粉末、NB 培养基粉末、蔗糖、琼脂粉、无菌水、70%乙醇、0.1%升汞、NAA、KT 等。

3. 用具 超净工作台、灭菌锅、pH 计、万分之一天平、显微镜、解剖镜、光照培养箱或组培室、剪刀、镊子、解剖针、培养皿、玻璃棒、烧杯、三角瓶、40 μm 滤膜、滤纸等。

四、实验内容

杂种披碱草幼胚离体培养技术。

五、实验方法与步骤

1. 老芒麦与垂穗披碱草的远缘杂交 收集老芒麦新鲜花粉，对提前 1～2 d 已进行人工去雄的垂穗披碱草进行人工授粉，套袋（具体方法见实验 11）。

2. 取材及消毒处理 母本授粉后 10 d 左右，取穗子，剥取颖果，用 70% 乙醇浸泡 15～30 s，再用 0.1% 升汞浸泡 5 min（滴加 1 滴吐温-20），然后用无菌水冲洗 3～5 次，用灭菌的滤纸吸干残液，备用。

3. 取胚及胚培养 在无菌条件下，在解剖镜下剥取幼胚或胚组织。然后将幼胚置于固体培养基或液体培养基中进行离体培养。培养温度 25 ℃，暗培养。参考培养基：MS＋0.5 mg/L NAA＋1.0 mg/L KT＋30 g/L 蔗糖＋7 g/L 琼脂，pH 5.8。

4. 组培苗增殖培养 以胚拯救后的组培苗为材料，条件为光照时间 16 h，光照度 2 000 lx 左右，温度 25 ℃，每 2 周继代 1 次。参考培养基：MS＋0.1 mg/L NAA＋0.5 mg/L 6-BA＋0.5 mg/L KT＋30 g/L 蔗糖＋7 g/L 琼脂，pH 5.8。

5. 生根培养 当再生芽长到 1～2 cm 时，将其切下，转入生根培养基中进行生根培养。参考培养基：1/2 MS＋0.2 mg/L NAA＋0.5 g/L 活性炭＋15 g/L 蔗糖＋7 g/L 琼脂，pH 5.8。

6. 幼苗移栽 将生根后的幼苗进行炼苗，使其更好地适应外界环境。炼苗后，洗掉幼苗根部培养基，将其移栽到灭菌的营养土中，进行温室培养。在温室前几天可以覆盖塑料薄膜，等适应外界温湿度时，渐次打开，进行正常培养。

六、实验结果与分析

统计杂交胚拯救的胚萌发率、成苗率和成活率。

$$胚萌发率＝萌发胚数/接种胚数×100\%$$
$$成苗率＝成苗数/萌发胚数×100\%$$
$$成活率＝移栽成活数/成苗数×100\%$$

七、讨论

1. 影响胚拯救的主要因素有哪些？
2. 胚拯救技术在牧草与草坪草中的应用有哪些？

（张志强）

实验 25　牧草与草坪草 DNA 和 RNA 提取技术

一、实验目的

了解牧草与草坪草 DNA 和 RNA 提取及质量检测的原理，掌握 DNA 和 RNA 提取的方法，学会用分光光度计和凝胶电泳法检测所提 DNA 和 RNA 的质量。

二、实验原理

植物基因组 DNA 和 RNA 分别包含植物的遗传信息和基因表达信息。植物 DNA 和 RNA 提取是生物技术和分子生物学研究的重要环节。细胞中的核酸绝大多数以核酸-蛋白复合物的形式存在于细胞核内。采用机械研磨破碎植物的组织和细胞后，用十六烷基三甲基溴化铵（hexadecyl trimethyl ammonium bromide，CTAB）、十二烷基硫酸钠（sodium dodecyl sulfate，SDS）、异硫氰酸胍等离子表面活性剂溶解细胞膜和核膜蛋白，使核蛋白解聚，使核酸得以游离出来，然后经过苯酚和氯仿等有机溶剂抽提核酸，促使蛋白质变性，抽提液分相。因核酸（DNA、RNA）水溶性很强，经离心后即可从抽提液中除去细胞碎片、大部分蛋白质以及有机溶剂，用异丙醇沉淀回收 RNA，用乙醇沉淀回收 DNA，最后洗涤、晾干、溶解。

琼脂糖凝胶电泳是用于分离、鉴定和提纯核酸片段的标准方法。琼脂糖是从琼脂中提取的一种多糖，具有亲水性，但不带电荷，是一种很好的电泳支持物。核酸在碱性条件下（pH 8.0 的缓冲液）带负电荷，在电场中通过凝胶介质向正极移动，不同 DNA 片段由于相对分子质量和构型不同，在电场中的泳动速率也不同。EB（溴化乙锭）作为一种荧光染料能插入核酸的碱基对平面之间而结合于其上，在紫外光的激发下产生荧光，DNA（RNA）分子上 EB 的量与 DNA（RNA）分子的长度和数量成正比，通过与已知浓度的 DNA（RNA）Marker 进行分子质量及浓度的比较，琼脂糖凝胶电泳上显示样品 DNA（RNA）的荧光强度就可以大致表示 DNA（RNA）量的多少。这种方法的优点是简便易行，但是准确度不高。

DNA（RNA）定量分析可用紫外光谱分析，原理是 DNA（RNA）分子在 260 nm 有特异的紫外吸收峰，且吸收强度与 DNA（RNA）的浓度成正比。

本实验介绍植物 DNA、RNA 提取及检测的方法步骤。

三、实验材料与用具

1. 材料　牧草与草坪草幼嫩组织（如幼叶、花器、幼根）。

2. 药品

（1）DNA 提取　CTAB 提取缓冲液〔2％ CTAB，1.4 mol/L NaCl，20 mmol/L EDTA，100 mmol/L Tris-HCl（三羟甲基氨基甲烷盐酸盐），pH 8.0〕、氯仿：异戊醇（24∶1）、TE（Tris＋EDTA）缓冲液（Tris-HCl 缓冲液）、液氮等。

（2）RNA 提取　RNA 加样缓冲液：1 mmol/L EDTA，pH 为 8.0、0.25％溴酚蓝、0.25％二甲苯青、50％甘油、高压灭菌。无 RNase（核糖核酸酶）的去离子水：去离子水＋DEPC（焦碳酸二乙酯）过夜（0.01％～0.05％，V∶V），灭菌备用。氯仿等。

（3）琼脂糖电泳　50×TAE（242 g Tris-HCl，57.1 mL 醋酸，37.2 g EDTA-Na$_2$·2H$_2$O，加水至 1 L，室温保存）。TAE 缓冲液可以反复使用，但也不能使用次数太多，否则缓冲能力会下降。5×RNA 电泳缓冲液：10.46 g MOPS（3-吗啉丙磺酸），1.7 g 乙酸钠，0.93 g EDTA，调 pH 为 7.0，定容至 500 mL。溴化乙锭溶液（1 mg/mL）、溴酚蓝溶液（0.05％溴酚蓝＋50％甘油溶液）、琼脂糖等。

3. 用具　离心机、冷冻离心管、紫外分光光度计、移液枪、恒温水浴锅、冰箱、研钵、液氮罐、电子天平、pH 计、高压灭菌锅、电泳仪、电泳槽、一次性手套和口罩、冰盘、枪头、EP 管（离心管）、吸水纸等。

玻璃器皿及耐高温的耗材需要 150 ℃烘烤 4 h。塑料制品可用 0.5％NaOH 浸泡 15 min，用去离子水冲洗干净，灭菌备用。

四、实验内容

1. 植物 DNA 和 RNA 的提取及凝胶电泳检测　采用 CTAB 法和 Trizol 法分别提取 DNA 和 RNA，利用琼脂糖凝胶电泳对 DNA 和 RNA 的完整性和浓度进行检测。

2. DNA 和 RNA 的分光光度计检测　利用分光光度计检测核酸的浓度和质量。

五、实验方法与步骤

（一）植物 DNA 提取及凝胶电泳检测

1. 植物 DNA 提取

（1）将幼嫩组织 0.2～0.5 g 放入研钵中加液氮研磨成粉末，转到 1.5 mL

的离心管中。

（2）加入 600 μL 65 ℃预热的 2×CTAB 提取缓冲液，并加入 12 μL β-巯基乙醇（终浓度为 2%），轻轻上下颠倒混匀。

（3）将离心管放置于 65 ℃恒温水浴锅中温浴 45～60 min，其间轻轻晃动3～4 次。

（4）取出离心管，待混合物冷却至室温后加入等体积的氯仿：异戊醇（24：1），轻轻颠倒 2 min，混匀后，4 ℃ 12 000 r/min 离心 10 min，取上清液移至干净的离心管中。

（5）再加入等体积的氯仿：异戊醇，颠倒混匀，4 ℃ 12 000 r/min 离心10 min，回收上清液。

（6）加入上清液 2 倍体积预冷的无水乙醇，沉淀 DNA，4 ℃ 12 000 r/min 离心 2 min。

（7）倒去上清液，70%乙醇冲洗 DNA 沉淀 2～3 次，室温干燥 DNA。

（8）用 100 μL 1×TE 缓冲液溶解 DNA。

操作过程中尽可能动作轻柔，避免剧烈振动以获得较长的 DNA 分子。TE 溶液的 pH 为 8.0，碱性状态，维持 DNA 双螺旋的稳定。

2. 植物 DNA 的凝胶电泳检测

（1）制胶　1%的琼脂糖熔解于 50×TAE 中，沸水浴融化。预先封槽，调平电泳槽。

（2）灌胶　待胶冷却至 50～60 ℃时缓缓倒入胶板并插上梳子。胶凝后拔去梳子，加入 TAE 至槽内，约高出胶板 1 mm。

（3）加样　样品 10～15 μL，指示剂 3～5 μL，在封口膜上混合好，用移液枪加入样槽内。

（4）电泳　接通电泳槽与电泳仪的导线，一般红色为正极，黑色为负极，加样端接负极，DNA 样品就由负极向正极泳动。调电压至 100 V，在指示剂距胶板底部 1～2 cm 时停止电泳。

（5）染色　将胶板放入含 EB 的染色盘中，染色 20～30 min。另外，Gel-Red™、GelStar® 也是荧光染料，可以按照说明书操作使用。

（6）观察　电泳结束后取出胶膜，使用凝胶成像系统观察拍照。

用 λDNA 做分子质量的 Marker，如果带型不弥散，在与 Marker 2 000 bp 的带相应位置出现整齐明亮的条带，说明基因组 DNA 完整，没有降解。

（二）植物 RNA 提取及凝胶电泳检测

1. 植物 RNA 的提取

（1）取幼嫩组织 0.1～0.3 g，在预冷的研钵中加入液氮迅速研磨成粉末，移入 2.0 mL 离心管中。

（2）加入 1 mL Trizol 试剂混匀，用力振荡 1～2 min，放置 5 min。

（3）在 12 000 r/min、4 ℃离心 10 min。

（4）吸取上清液（含 RNA），转移至新的 1.5 mL 离心管中，15～30 ℃放置 5 min。

（5）加 0.2 mL 含有 1/5 体积 Trizol 的氯仿，充分抽提 15 s。15～30 ℃放置 2～3 min。

（6）12 000 r/min、4 ℃离心 15 min，形成上层无色水相、中间相和下层有机相。

（7）吸取上清液，转移至新的 1.5 mL 离心管中，加 0.5 mL 含 1/2 体积 Trizol 的异丙醇，15～30 ℃放置 10 min。

（8）12 000 r/min、4 ℃离心 10 min。小心弃去上清液，得胶体状 RNA。

（9）加 1.0～1.5 mL 含≥1 体积 Trizol 的 75% 乙醇，涡旋混匀。

（10）7 500 r/min、4 ℃离心 5 min。小心弃去上清液，留下胶体状 RNA。

（11）干燥 5～10 min，溶于无 RNase 的去离子水中，枪头打匀，55～60 ℃温浴 10 min。

2. 植物 RNA 的凝胶电泳检测

（1）配制 1.2% 的琼脂糖凝胶（20 mL）：称取琼脂糖 0.24 g，加 DEPC 处理的去离子水 12.04 mL，5×RNA 电泳缓冲液 6 mL，电炉加热融化琼脂糖，冷却至 55 ℃，加入甲醛 1.96 mL，冷却后倒胶。

（2）RNA 电泳　取去离子甲酰胺 10 μL，甲醛 1.5 μL，10×RNA 缓冲液 2 μL，RNA（2～4 μL，<10 μL）混合液，65 ℃加热 15 min，迅速在冰浴中冷却片刻，然后加入 3 μL RNA 加样缓冲液和 0.5 μL EB，上样电泳。电泳缓冲液为 1×RNA 缓冲液。

出现的电泳条带有 3 条，分别是核糖体 RNA（rRNA）分子，即 5S、18S 和 28S rRNA。多数细胞中的信使 RNA（mRNA）经 EB 染色后不足以形成可见的带。只要 18S 和 28S rRNA 带亮，且 28S rRNA 大约为 18S rRNA 的 2 倍，说明提取的 RNA 没有发生降解，纯度好。

（三）DNA 和 RNA 的紫外分光光度检测

1. 取少量待测 DNA（RNA）样品，用 TE 或蒸馏水稀释 50 倍（或 100 倍）。

2. 用 TE 或蒸馏水作空白，在 260 nm、280 nm 处调节紫外分光光度计的读数至零。

3. 加入待测 DNA（RNA）样品，在 2 个波长处读取 OD 值。

六、实验结果与分析

（一）DNA 和 RNA 凝胶电泳检测

在凝胶成像系统下观察电泳条带，分析所提取的 DNA 和 RNA 的完整性，是否存在降解的情况。

（二）DNA 和 RNA 的紫外分光光度检测

计算 OD_{260}/OD_{280}。纯 DNA 样品的 OD_{260}/OD_{280} 大约为 1.8，高于 1.8 可能有 RNA 污染，低于 1.8 有蛋白质污染；纯 RNA 样品的 OD_{260}/OD_{280} 大约为 2.0。

七、讨论

1. 为保证植物 DNA 和 RNA 的完整性，在吸取样品及其他操作过程中应注意哪些问题？

2. 查阅文献，了解核酸提取的方法有哪些，比较各种方法的优缺点。

（赵丽丽）

实验 26　牧草与草坪草的基因引物设计

一、实验目的

熟悉牧草与草坪草的基因引物设计原则，掌握引物设计方法。

二、实验原理

引物是人工合成的两段寡核苷酸序列，一段引物与模板区域一端的一条 DNA 链互补，另一段引物与模板区域另一端的另一条 DNA 链互补。引物设计的目的是为了找到一对合适的核苷酸，使其能有效地扩增模板 DNA 序列。引物的优劣直接关系到 PCR 的特异性成功与否。引物设计原则如下。

（1）引物长度一般在 15～30 个碱基之间，过长会导致其延伸温度大于 74 ℃（Taq 酶的最适温度）。

（2）引物应在核酸序列保守区内设计并具有特异性，引物与非特异扩增序列的同源性不要超过 70% 或有连续 8 个互补碱基同源。

（3）产物不能形成二级结构。

（4）G+C 碱基含量在 40%～60% 之间。

（5）碱基要随机分布。

（6）引物自身不能有连续 4 个相同碱基的互补。

（7）引物之间不能有连续 4 个相同碱基的互补。

（8）引物 3′端要避开密码子的第 3 位。

（9）引物 3′端不可修饰，引物 5′端可以修饰。

三、实验材料与用具

台式电脑或笔记本电脑。

四、实验内容

1. 基因序列输入。

2. 验证引物特异性。

3. 选取引物。

五、实验方法与步骤

（一）基因序列输入

1. 进入 NCBI 的 Primer－BLAST（https：//www. ncbi. nlm. nih. gov/tools/primer－blast/index. cgi），在"PCR Template"下方左侧的文本框中输入 FASTA 格式的序列或 Accession Number，或点击"选择文件"载入 FASTA 格式的文件。右侧可以设置正向引物和反向引物的起始和终止位置。见图 26－1。

图 26－1　基因序列输入操作步骤 1

2. 在"Primer Parameters"模块，可以输入 PCR 产物的大小和 Tm（熔解温度）值参数。在"Exon/intron selection"模块根据需要设置外显子（exon)/内含子（intron）。见图 26－2，图 26－3。

图 26－2　基因序列输入操作步骤 2

图 26－3　基因序列输入操作步骤 3

（二）验证引物特异性

1. 在"Primer Pair Specificity Checking Parameters"区，选择设计引物或验证引物时的目标数据库和物种。推荐使用"Refseq representative genomes"数据库；个人也可以使用自己的序列作为搜索数据库。见图 26 - 4。

2. 作为标准来设计引物时，Primer-BLAST 可以设计出只扩增某一特定剪接变异体基因的特异引物。点击底部的"Advanced parameters"有更多的参数设置。见图 26 - 4。

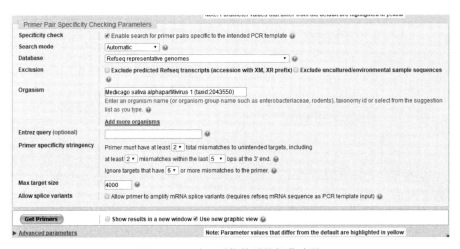

图 26 - 4　验证引物特异性操作步骤

（三）选取引物

1. 图 26 - 5 是引物的可视化结果，该结果会显示出所有引物的起始和终止位置、基因的 CDS 区（蛋白质编码区）、外显子的位置等。

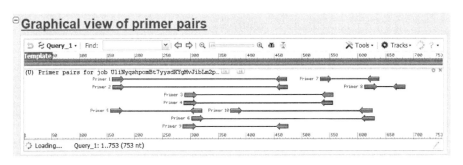

图 26 - 5　引物的可视化结果

2. Primer - BLAST 还会给出每一个引物对的具体信息，如图 26 - 6 所示。包括引物序列、长度、起始终止位置、Tm 值、GC 含量、自身互补和 3′端互补情况，PCR 产物的长度等。其中，Self complementarity（自身互补）和 Self 3′ complementarity（3′端互补情况）的值越小越好。

Detailed primer reports

Primer pair 1

	Sequence (5'->3')	Template strand	Length	Start	Stop	Tm	GC%	Self complementarity	Self 3' complementarity
Forward primer	GACCCTTCTGGGTCTTCTGAG	Plus	21	160	180	59.45	57.14	6.00	3.00
Reverse primer	ATGAAGGCTGGCTCTGTGTG	Minus	20	472	453	60.32	55.00	3.00	0.00

Product length 313

Primer pair 2

	Sequence (5'->3')	Template strand	Length	Start	Stop	Tm	GC%	Self complementarity	Self 3' complementarity
Forward primer	ACCCTTCTGGGTCTTCTGAG	Plus	20	161	180	58.35	55.00	4.00	3.00
Reverse primer	AATGAAGGCTGGCTCTGTGT	Minus	20	473	454	59.60	50.00	3.00	0.00

Product length 313

Primer pair 3

	Sequence (5'->3')	Template strand	Length	Start	Stop	Tm	GC%	Self complementarity	Self 3' complementarity
Forward primer	ACAATTCCAATGCTGTCAAGGG	Plus	22	290	311	59.44	45.45	4.00	1.00
Reverse primer	GGTGCCGGTACTAGGGATGA	Minus	20	555	536	60.76	60.00	6.00	1.00

Product length 266

Primer pair 4

	Sequence (5'->3')	Template strand	Length	Start	Stop	Tm	GC%	Self complementarity	Self 3' complementarity
Forward primer	AACAATTCCAATGCTGTCAAGGG	Plus	23	289	311	59.99	43.48	4.00	1.00
Reverse primer	GTGCCGGTACTAGGGATGATG	Minus	21	554	534	60.00	57.14	6.00	1.00

Product length 266

Primer pair 5

	Sequence (5'->3')	Template strand	Length	Start	Stop	Tm	GC%	Self complementarity	Self 3' complementarity
Forward primer	ACAGACCCTTCTGGGTCTTCTG	Plus	22	157	178	61.35	54.55	8.00	1.00
Reverse primer	AGCTTTAGGTCCCTTGACAGC	Minus	21	321	301	60.00	52.38	4.00	2.00

Product length 165

图 26 - 6　每个引物对的信息

六、讨论

尝试用不同在线引物设计工具进行引物设计，并比较其优劣。

（张攀）

实验 27　PCR 基因检测技术

一、实验目的

PCR 反应具有特异性强、灵敏度高、简便快速、对标本纯度要求低的特性。在环境检测中，靶核酸序列往往存在于一个复杂的混合物如细胞提取液中，含量很低。利用 PCR 技术可将靶序列放大几个数量级以便于研究分析。本实验目的在于了解 PCR 技术原理，掌握 PCR 扩增的操作方法及产物的检测方法。

二、实验原理

PCR（polymerase chain reaction）即聚合酶链式反应。是一种用于扩增特定的 DNA 片段的分子生物学技术，能够在生物体外对目的基因片段进行大量扩增。具体来说，PCR 技术是用限制性内切酶把提取纯化的基因组 DNA 切成片段，双链 DNA 分子经变性变成单链后作为 DNA 聚合酶链式反应的模板，然后合成两种与待扩增 DNA 片段相邻的核苷酸序列互补的寡聚核苷酸引物，过量地加到变性 DNA 模板中，加入 4 种脱氧核苷三磷酸中的任何一种作为底物，并加入 Taq DNA 聚合酶后，合成反应开始，引物延长，形成变性-退火-合成的特异 DNA 扩增反应循环，致使特异 DNA 片段（基因）得到扩增。DNA PCR 扩增已成为分子生物学中的基本操作，得到广泛应用。

三、实验材料与用具

1. 材料　牧草与草坪草组织。

2. 药品　特异性引物、ddH_2O（双蒸水）、$2 \times Phanta^{®}$ Max Master Mix（诺唯赞公司，其他公司的 Taq 酶 Mix 需依据说明书调整反应程序，建议选取含荧光染料的 Mix，可直接进行产物检测，减少 EB 污染）、TAE 电泳缓冲液、琼脂糖等。

3. 用具　PCR 仪、电泳仪、电泳槽、微波炉、凝胶成像系统、移液枪。

四、实验内容

1. 模板的制备。
2. 引物设计。
3. PCR 扩增。

4. PCR 产物的检测。

五、实验方法与步骤

(一) 模板的制备

详见实验 25 牧草与草坪草 DNA 和 RNA 提取技术。

(二) 引物设计

详见实验 26 牧草与草坪草的基因引物设计。

(三) PCR 扩增

1. 反应体系　按表 27 - 1 反应体系加入对应组分。

表 27 - 1　基因扩增反应体系

组分	体积（μL）
$2\times$Phanta$^\circledR$ Max Master Mix	25
特异性引物 F（10 μmol/L）	2
特异性引物 R（10 μmol/L）	2
模板 DNA	1
双蒸水	20
总体积	50

2. 反应程序

预变性	95 ℃	3 min
变性	95 ℃	15 s
退火	56 ℃	15 s
延伸	72 ℃	60 s
终止延伸	72 ℃	5 min
保存	4 ℃	

变性、退火、延伸 35 次循环

(四) PCR 产物的检测

1. 选择孔径大小适合的点样梳，垂直架在胶板的一端，使点样梳底部离电泳槽水平面的距离为 0.5~1.0 mm。

2. 称取 0.50 g 琼脂糖，加入盛有 50 mL 1×TAE 电泳缓冲液的锥形瓶中，微波炉加热使琼脂糖熔解均匀（加盖封口膜以减少蒸发）。注意浓度不宜过高，1%~1.2%为宜。每次配胶不宜过多，最好现用现配。熔胶时一定要熔解彻底并且均匀，否则倒胶时产生气泡，影响电泳效果。

3. 将锥形瓶中的凝胶溶液轻轻倒入电泳凝胶板上，除去气泡。待凝胶凝固后，小心取出点样梳。倒胶时，注意胶的厚度，原则是宁厚勿薄。胶板过薄，点样孔盛放不下点样量，样品溢出导致弥散。胶板如果很厚，一般要晾置20 min 以上，否则胶体晾置不彻底，拔掉梳子会破坏点样孔，同时胶体密度也会变得不均一，影响电泳效果。

4. 在电泳槽中加入 1×TAE 电泳缓冲液，将胶板放入电泳槽中（点样孔一端靠近电泳槽的负极），使电泳缓冲液淹没过胶面。

5. 用移液枪吸取 DNA Marker 或 PCR 产物 5 μL，按照顺序依次点样，记录样品点样顺序。

6. 连接电泳槽与电泳仪之间的电源线，正极为红色，负极为黑色。开启电源，开始电泳，最高电压不超过 5 V/cm（130～140 V）。

7. 当指示剂跑过胶板的 2/3，可终止电泳；切断电源后，将电泳凝胶块放在凝胶成像系统中观察、拍照。

六、实验结果与分析

拍照分析 PCR 产物的扩增质量。

七、讨论

讨论退火温度与循环次数对 PCR 产物质量的影响。

（魏臻武）

实验 28　qPCR 基因检测技术

一、实验目的

熟悉 PCR 反应及 SYBR 染料法的工作原理，掌握移液枪和 PCR 仪及荧光定量 PCR 仪的基本操作技术。

二、实验原理

qPCR（实时荧光定量聚合酶链式反应）是在 PCR 进行的同时对其过程进行监测。数据可在 PCR 扩增过程中而非 PCR 结束之后进行收集。在 qPCR 中，反应以循环中首次检测到目标扩增的时间点为特征，而非在一定循环数后目标分子累计的扩增量。目标核酸的起始拷贝数越高，则会越快观察到荧光的显著增加。SYBR Green Ⅰ 染料法通过 SYBR Green Ⅰ 染料与 PCR 过程中产生的双链 DNA 结合，从而对聚合酶链式反应（PCR）的产物进行检测，即利用嵌合荧光检测法——SYBR Green Ⅰ 与双链 DNA 结合并发出荧光，可通过检测反应体系中的 SYBR Green Ⅰ 荧光强度，进而达到检测 PCR 产物扩增量的目的。

三、实验材料与用具

1. 材料　牧草与草坪草的 cDNA、qPCR 引物。

2. 药品　SYBR 荧光定量试剂盒、琼脂、溴化乙锭（EB，10 mg/mL）。

3. 用具　qPCR 仪、PCR 仪、移液枪、电泳仪、电泳槽、凝胶成像系统、微波炉等。

四、实验内容

1. 引物与模板检验。
2. 实时荧光定量检测。

五、实验方法与步骤

（一）引物与模板检验

1. 引物设计　qPCR 引物设计参照实验 26 进行。

2. 反应体系　以牧草与草坪草的 cDNA 为模板（template），用 Taq 酶连接设计的引物和模板。反应体系为 20 μL，其具体成分为：10 μL Es Taq Master Mix；0.8 μL 上游引物；0.8 μL 下游引物；1 μL DNA 模板；7.4 μL 双蒸水。

3. 反应程序

预变性	95 ℃	2 min
变性	95 ℃	30 s
退火	58 ℃	30 s
延伸	72 ℃	30 s
终延伸	72 ℃	10 min

变性、退火、延伸 35 次循环

反应结束后，取 PCR 产物用 2.0% 浓度的琼脂糖凝胶进行电泳，EB 染色 7 min 后至凝胶成像仪上观察采集。

（二）实时荧光定量检测

使用 SYBR® Premix Ex Taq™ II 酶（TaKaRa），具体步骤参照试剂盒说明书进行。PCR 反应体系为 20 μL，其具体成分为：10 μL SYBR® Premix Ex Taq™ II；0.8 μL PCR 上游引物；0.8 μL PCR 下游引物；1.6 μL DNA 模板；6.8 μL 双蒸水。

反应程序为：

95 ℃	30 s
95 ℃	5 s
60 ℃	30 s

后两步 40 次循环

六、实验结果与分析

记录实验数据，目的基因的表达量按照 $2^{-\Delta\Delta Ct}$ 方法计算（Livak 和 Schmittgen 2001）后进行统计分析。

七、讨论

qPCR 基因检测的影响因素有哪些？

（张攀）

实验 29 牧草与草坪草 SSR 分子标记技术

一、实验目的

学习和掌握 SSR 分子标记的理论和基本实验操作技术。

二、实验原理

SSR（simple sequence repeats）称为简单重复序列或微卫星，是由 1～6 个核苷酸为基本重复单位组成的串联重复序列，在生物基因组中大量存在。由于生物个体间每个基因位点上重复类型和重复次数的不同而造成位点的多态性，可根据重复序列两端的保守序列设计引物进行扩增从而检测多态性。SSR 标记数量丰富，在整个基因组分布广泛、均匀、多态性好、重复性高、呈共显性，操作简单，是一种理想的二代分子标记技术。目前该技术已广泛应用于植物遗传多样性评价、指纹图谱构建、遗传图谱构建、杂交种分子标记鉴定等领域。

三、实验材料与用具

1. 材料 新鲜植物的幼嫩叶片或其他植物组织。

2. 药品

（1）植物 DNA 提取 植物 DNA 提取试剂盒或十六烷基三甲基溴化铵（CTAB）法所用试剂（参照实验 25 中牧草与草坪草 DNA 提取技术）。

（2）PCR 所需试剂 植物模板 DNA、SSR 分子标记上下游引物、去离子水、dNTP、Mg^{2+}、Taq DNA 聚合酶等。

（3）银染液 0.08%～0.1% $AgNO_3$ 溶液。

（4）显影液 4 mL 甲醛、15 g 氢氧化钠、0.19 g 四硼酸钠，加去离子水配成 1 L 溶液。显影液配好后，放 4 ℃冰箱预冷。

（5）固定液 无水乙醇 50 mL，冰醋酸 2.5 mL，水 447.5 mL，配制成 10%乙醇、0.5%冰醋酸的固定液。

（6）6%变性聚丙烯酰胺凝胶母液 10×TBE 母液：108 g Tris base［三（羟甲基）氨基甲烷］，7.44 g EDTA‐Na_2，55 g 硼酸，添加去离子水配成 1 L 10×TBE 母液，实验用电泳缓冲液为 1×TBE。100 mL 40% Acr‐Bis：38 g 丙烯酰胺（Acrylamide），2 g 甲叉双丙烯酰胺（Bis‐acrylamide）（有毒，黑

暗、低温、玻璃瓶保存）凝胶母液配制见表 29 - 1。

表 29 - 1　6%变性聚丙烯酰胺凝胶母液配制及制胶时不同体积所需催化剂和凝固剂

6%变性聚丙烯酰胺凝胶母液					催化剂	凝固剂
体积	Urea（尿素）	10×TBE	40% Acr - Bis	10%(NH₃)₂S₂O₃		TEMED（四甲基乙二胺）
10 mL	1.2 g	1 mL	1.5 mL	0.1 mL		6.75 μL
50 mL	6.0 g	5 mL	7.5 mL	0.5 mL		33.75 μL
100 mL	12 g	10 mL	15 mL	1.0 mL		67.5 μL
150 mL	18 g	15 mL	22.5 mL	1.5 mL		101.25 μL
200 mL	24 g	20 mL	30 mL	2.0 mL		135 μL
500 mL	60 g	50 mL	75 mL	5.0 mL		337.5 μL
1 000 mL	120 g	100 mL	150 mL	10 mL		675 μL

3. 用具　离心机、水浴锅、高压灭菌锅、振荡摇床、电子天平、垂直电泳槽、电泳仪、1.5 mL 离心管、96 孔板、移液枪、枪头、研钵、液氮罐、乳胶手套、剪刀等。

四、实验内容

1. 植物基因组 DNA 提取。
2. PCR 扩增。
3. 聚丙烯酰胺凝胶电泳。
4. 脱色与固定。
5. 银染。
6. 显影与定影。

五、实验方法与步骤

（一）植物基因组 DNA 提取

参照实验 25 中牧草与草坪草 DNA 提取技术提取植物 DNA。

（二）PCR 扩增

1. PCR 反应体系　在 25 μL 体积里，加入 50～100 ng 模板 DNA，200～250 μmol/L 的 dNTP（脱氧核糖核苷酸），1.5 mmol/L MgCl₂/Mg²⁺，上下游引物均为 0.2～1.0 μmol/L，0.5～1.5 U Taq DNA 聚合酶，10×PCR 缓冲液 2.5 μL，去离子水补足体积。

2. PCR 程序

A　94 ℃　　　3～5 min　　　预变性
B　94 ℃　　　30 s～1 min　　变性

C　50~65 ℃　　30 s~1 min　　复性（退火）（根据引物设置所需的退火温度）

D　72 ℃　　　　2 min　　　　延伸

B 到 D 步骤　循环 30~40 次

E　72 ℃　　　　7~10 min

F　4 ℃　　　　　　　　　　　保存

注意在 PCR 扩增前应根据不同物种对 PCR 反应体系和扩增程序进行优化。常见牧草与草坪草 PCR 反应体系和扩增程序见表 29 - 2。

表 29 - 2　几种常见牧草与草坪草 PCR 反应体系和扩增程序

物种	PCR 反应体系	PCR 扩增程序
鸭茅（*Dactylis glomerata* L.）	总体积 15 μL： 模板 DNA 50 ng， dNTP 240 μmol/L， 上下游引物 0.4 μmol/L， Taq DNA 聚合酶 1.0 U， 10×PCR 缓冲液 1.5 μL， Mg^{2+} 2.5 mmol/L， 双蒸水补足体积	94 ℃预变性 4 min； 94 ℃变性 30 s， 52 ℃复性 30 s， 72 ℃延伸 1 min， 共 35 个循环； 72 ℃延伸 10 min， 4 ℃保存
多花黑麦草（*Lolium multiflorum* Lam.）	总体积 20 μL： PCR - Mix 10 μL， 模板 DNA 20 ng， 上下游引物均为 0.4 μmol/L， Taq DNA 聚合酶 1.0 U， 双蒸水补足体积	反复复性变温法： 94 ℃预变性 4 min； 94 ℃变性 1 min， 35 ℃复性 1 min， 72 ℃延伸 1 min， 共 5 个循环； 94 ℃变性 1 min， 50 ℃复性 1 min， 72 ℃延伸 1 min， 共 35 个循环； 72 ℃延伸 10 min， 4 ℃保存
高羊茅（*Festuca lata* Keng ex E. Alexeev）	总体积 20 μL： 10×PCR 缓冲液 2.0 μL， Mg^{2+} 1.5 mmol/L， dNTP 100 μmol/L， 上下游引物均为 0.5 μmol/L， Taq DNA 聚合酶 1.0 U， 模板 DNA 60 ng， 双蒸水补足体积	94 ℃预变性 5 min； 94 ℃变性 30 s， 50~65 ℃复性 30 s， 72 ℃延伸 40 s， 共 35 个循环； 72 ℃延伸 10 min， 4 ℃保存

（续）

物种	PCR 反应体系	PCR 扩增程序
早熟禾（*Poa annua* L.）	总体积 25 μL： 模板 DNA 50 ng， 10×PCR 缓冲液 2.5 μL， dNTP 250 μmol/L， Taq DNA 聚合酶 1.5 U， 上下游引物均为 0.2 μmol/L， Mg^{2+} 1.5 mmol/L， 双蒸水补足体积	94 ℃预变性 5 min； 94 ℃变性 30 s， 50～55 ℃复性 30 s， 72 ℃延伸 30 s， 共 30 个循环； 72 ℃延伸 10 min； 4 ℃保存
狗牙根［*Cynodon dactylon* (L.) Pers.］	总体积 10 μL： 模板 DNA 60 ng， Mg^{2+} 2.5 mmol/L， 10×PCR 缓冲液 2.0 μL， dNTP 200 μmol/L， Taq DNA 聚合酶 0.5 U， 上下游引物均为 0.8 μmol/L， 双蒸水补足体积	94 ℃预变性 3 min； 94 ℃变性 50 s， Tm ℃复性 30 s， 72 ℃延伸 1 min， 共 35 个循环； 72 ℃延伸 7 min； 4 ℃保存
紫花苜蓿（*Medicago sativa* L.）	总体积 25 μL： 模板 DNA 50 ng， 上下游引物均为 0.5 μmol/L， dNTP 100 μmol/L， 10×PCR 缓冲液 2.5 μL， Mg^{2+} 2.0 mmol/L， Taq DNA 聚合酶 1 U， 双蒸水补足体积	95 ℃预变性 3 min； 95 ℃变性 30 s， 60 ℃复性 30 s， 72 ℃延伸 30 s， 共 10 个循环； 95 ℃变性 30 s， 55 ℃复性 30 s， 72 ℃延伸 30 s， 共 20 个循环； 72 ℃延伸 6 min； 4 ℃保存
白车轴草（*Trifolium repens* L.）	总体积 20 μL： 模板 DNA 20 ng， 上下游引物均为 0.3 μmol/L， dNTP 200 μmol/L， 10×PCR 缓冲液 2.0 μL， Mg^{2+} 3.0 mmol/L， Taq DNA 聚合酶 0.25 U， 双蒸水补足体积	94 ℃预变性 5 min； 94 ℃变性 30 s， 55 ℃复性 1 min， 72 ℃延伸 1 min， 共 40 个循环； 72 ℃延伸 5 min； 4 ℃保存

（三）聚丙烯酰胺凝胶电泳

1. 封底 装好电泳玻板后斜靠，根据表 29-1 配制 6% 的凝胶母液，加入适量的过硫酸铵和 TEMED 后快速搅拌防止凝结，倒入长玻板一侧 2~3 cm 高（每板 5~8 mL 胶），封底。10~20 min 待胶凝固后，安装电泳槽。

2. 制胶 根据所需体积在 6% 的凝胶母液中加入适量的过硫酸铵和 TEMED 搅拌，缓缓灌胶防止玻板间存留气泡；在胶凝固前在玻璃板的中间部位迅速插好梳子；防止梳子齿底部留有气泡。

3. 点样 先用小的注射器反复冲洗点样孔；将加有变性 loading buffer（上样缓冲液）的 PCR 扩增产物混匀后点样，每孔上样量为 6~10 μL。

4. 电泳 在电泳槽中加入适量的 1×TBE 电泳缓冲液，点样前 200 V 预电泳 20 min；400 V 恒压电泳 1.5~2.0 h；至二甲苯青条带泳至约 3/4 胶处停止电泳。

（四）脱色与固定

将胶放在 2.5 L 10% 醋酸溶液中，轻摇 30 min 至指示剂无色。然后用蒸馏水洗 2 次，每次 10 min。

（五）银染

将胶转移到 2.3 L 银染液中，避光染色 30 min，其间轻轻摇动。

（六）显影与定影

将染色后的胶放在显影液里轻摇至 DNA 条带显出。条带显出后放 10% 醋酸定影 5 min。用水冲洗后晾干胶板，照相保存条带。

六、实验结果与分析

对获得的清晰可重复的 DNA 条带进行统计，在相同迁移位置上有带的记为 1，无带的记为 0，将数据输入 Excel 文档中形成 0、1 矩阵。根据矩阵统计 SSR 扩增产物的条带总数（total bands，TB）和多态性条带数（number of polymorphic bands，NPB），计算多态性百分率（percentage of polymorphic bands，PPB）和引物多态性信息含量（polymorphic information content，PIC），$PIC_i = 2f_i(1-f_i)$，其中 PIC_i 表示引物 i 的多态性信息含量，f_i 表示有带所占的频率，$1-f_i$ 表示无带所占的频率。

以表 29-3 为例：

总条带数（TB）=7

多态性条带数（NPB）=6

多态性百分率（PPB）=（6÷7）×100%=85.71%

表 29 - 3　引物 A 对 8 个实验样品扩增条带统计

引物名称	实验样品名称							
引物 A	样品 1	样品 2	样品 3	样品 4	样品 5	样品 6	样品 7	样品 8
1	0	1	1	1	0	0	1	1
2	1	1	1	1	1	1	1	1
3	1	1	1	1	1	0	0	1
4	0	0	0	0	1	1	1	0
5	1	1	1	1	0	0	1	1
6	0	1	1	1	1	1	1	1
7	1	0	0	0	0	1	1	0

$PIC_i = 2f_i(1-f_i)$，由表计算得出 $f_i = 38$（有带总数）/56（有带和无带总和）$= 0.68$；$1-f_i = 0.32$；$PIC_i = 2 \times 0.68 \times 0.32 = 0.44$。

所以，8 个样品间的多态性百分率为 85.71%，引物 A 的多态性信息含量为 0.44。

七、讨论

1. 影响 SSR 分子标记扩增成功的因素有哪些？

2. SSR 分子标记和其他分子标记有哪些异同？

文本：老芒麦 SSR 分子标记遗传多样性

（谢文刚）

实验 30　SSR 分子标记在指纹图谱构建和杂交种鉴定中的应用

一、实验目的

学习 SSR 分子标记构建牧草与草坪草分子指纹图谱的原理，掌握基本实验操作技术。

二、实验原理

在牧草与草坪草杂交过程中，由于花粉串粉易造成种子的生物学混杂，因此，杂交种真实性鉴定十分必要。此外，准确地鉴别植物品种及野生材料是育种研究、品种登记、知识产权保护的基础。传统方法中植物品种、野生材料或杂交种的鉴别常使用形态学与生育期特性相结合的方法，但这种方法具有耗时、费力、主观性强、鉴定的准确性受环境因素影响大等缺点。利用分子标记技术构建 DNA 指纹图谱技术则可有效地弥补传统方法的缺陷，从植物基因层面反映种质材料间的本质差异，该方法可以将植物任何生理时期的任何组织作为材料。

简单重复序列（SSR）在生物基因组中大量存在。由于不同种质在每个基因位点上的重复类型和重复次数的不同而造成位点的多态性，利用一个或多个标记在不同材料中扩增出来的特异条带构建某一种质的分子特征指纹图谱，用于不同种质间的真实性鉴定。由于 SSR 分子标记还具有共显性的特点，可筛选出在双亲间有多态性的引物，对杂交种进行真实性鉴定，可提高育种效率，加快杂交品种选育。目前 SSR 分子标记技术已在水稻（稻）（*Oryza sativa* L.）、玉米（玉蜀黍）（*Zea mays* L.）、棉花（*Gossypium* spp.）、甜瓜（*Cucumis melo* L.）、西瓜（*Citrullus lanatus*）等作物以及鸭茅（*Dactylis glomerata* L.）、老芒麦（*Elymus sibiricus* L.）等牧草与草坪草的指纹图谱构建或杂交种鉴定中广泛应用。

三、实验材料与用具

1. 材料　不同品种、野生材料亲本和杂交种新鲜的植物幼嫩叶片或其他植物组织的 DNA。

2. 药品

（1）PCR 所需试剂　植物模板 DNA、引物、去离子水、dNTP、Mg^{2+}、Taq DNA 聚合酶等。

（2）银染液　0.08%～0.1% $AgNO_3$ 溶液。

（3）显影液　4 mL 甲醛、15 g 氢氧化钠、0.19 g 四硼酸钠，加去离子水配成 1 L 溶液。显影液配好后，放 4 ℃ 冰箱预冷。

（4）固定液　无水乙醇 50 mL，冰醋酸 2.5 mL，水 447.5 mL，配制成 10% 乙醇、0.5% 冰醋酸的固定液。

（5）6% 变性聚丙烯酰胺凝胶母液　变性聚丙烯酰胺凝胶母液配制参照实验 29。

3. 用具　离心机、水浴锅、高压灭菌锅、振荡摇床、电子天平、垂直电泳槽、电泳仪、1.5 mL 离心管、96 孔板、移液枪、枪头、研钵、液氮罐、乳胶手套、剪刀等。

四、实验内容

1. PCR 扩增。

2. 聚丙烯酰胺凝胶电泳。

3. 脱色与固定。

4. 银染。

5. 显影与定影。

五、实验方法与步骤

（一）PCR 扩增

参照实验 29 的 PCR 扩增。

（二）聚丙烯酰胺凝胶电泳

参照实验 29 的聚丙烯酰胺凝胶电泳操作。

（三）脱色与固定

参照实验 29 的脱色与固定。

（四）银染

参照实验 29 的银染。

（五）显影与定影

参照实验 29 的显影与定影。

六、实验结果与分析

（一）指纹图谱构建

对不同品种、野生材料扩增获得的清晰可重复的 DNA 条带进行统计，在相同迁移位置上有带的记为 1，无带的记为 0，将数据输入 Excel 文档中形成 0、1 矩阵。将一对引物或多对引物在不同种质材料中扩增出来的特异性条带用于构建指纹图谱。每个条带用"引物名＋片段大小"进行命名，利用特异片段绘制每份种质的特异指纹图谱。

（二）杂交种鉴定

根据杂交亲本及其杂交种的电泳谱带特征对杂交种进行鉴定。并将后代分为如下 2 类（图 30 - 1）：（A）父本和母本具有特征带，后代同时具有父母本特征带，则后代为真杂交种。（B）父本与母本有特征带，后代如只具有父本特征带，也可判定为真杂种。为保证鉴定结果的准确性，可以利用 2～3 对引物对父母本和杂交种进行鉴定、相互验证。

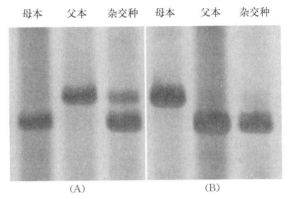

图 30 - 1 亲本和杂交种真实性鉴定电泳图

七、讨论

利用 SSR 分子标记构建指纹图谱和杂交种真实性鉴定的优点及注意事项是什么？

文本：不同老芒麦品种（栽培种）SSR 分子指纹图谱构建

（谢文刚）

实验 31　牧草与草坪草全基因组关联分析技术

一、实验目的

了解全基因组关联分析（genome-wide association study，GWAS）技术原理，掌握 GWAS 分析方法。

二、实验原理

在传统的牧草与草坪草育种过程中，育种家对植株的选择只能依靠其表型性状，这不仅耗时耗力，而且存在其固有的局限性：一方面，对于抗性、品质等一些较重要的性状进行表型观测十分困难；另一方面，许多重要的性状都是多基因控制的数量性状，易受环境影响，选择准确性不高。分子标记辅助育种（molecular marker assisted selection，MAS 育种）既可以通过与目标基因紧密连锁的分子标记在早世代对目的性状进行选择，也可以利用分子标记对轮回亲本的背景进行选择。获得与重要性状基因连锁的标记，有利于植物分子标记辅助育种的进行，可进一步提高牧草与草坪草改良育种的选择效率，提高新品种的选育速率。

分子标记是以个体间遗传物质 DNA 的多态性为基础的遗传标记，具有准确性高、信息量大、检测手段简单迅速、重现性好等优点。SNP（single nucleotide polymorphism）为单核苷酸多态性，指在基因组上单个核苷酸的变异，包括转换、颠换、缺失和插入。SNP 是真核生物基因组中含量最为丰富、最具有应用前景的第三代分子标记。SNP 可以定位在每一个基因的附近区域，在对每个基因的等位基因与表型相关性方面进行检测具有巨大应用潜力。其可应用于牧草与草坪草遗传多样性和亲缘关系分析、品种鉴定、连锁图谱构建和MAS 育种等方面的研究。建立极显著的标记-性状关联是 MAS 育种的一个先决条件。

在基因水平上通过分子标记的手段，对整个基因组内的 SNP 进行综合分析与分型，再将不同表现的性状变异统计出来，提出假设，并且验证其与期望性状间的关联性，即为全基因组关联分析（GWAS）。通过 GWAS 可将牧草与草坪草的许多重要农艺性状、抗逆性和抗病性等多基因控制的性状等在基因水平上利用样本的数量关联到样本中所筛选获得的 SNP，从而应用这些 SNP 指导分子标记辅助选择，使育种中的早期选择和预测成为可能，同时一些不易区分的性状通过分子标记的间接选择可以达到高效筛选。

三、实验材料与用具

1. 材料　具有不同遗传背景的牧草与草坪草自然群体材料。

2. 药品　DNeasy Plant Pro Kit 植物 DNA 提取试剂盒（QIAGEN）、1×
TBE 电泳缓冲液、琼脂糖、GelGreen 核酸染料、BlueJuice™ 凝胶上样缓冲
液等。

3. 用具　高通量组织研磨仪、PCR 仪、电泳仪、电泳槽、电子天平、移
液枪、枪头、微波炉、NanoDrop 微量分光光度计、紫外凝胶成像系统、96 孔
板、冰箱。

四、实验内容

1. 群体结构建立。

2. 表型性状测定。

3. 全基因组关联分析（GWAS）。

五、实验方法与步骤

（一）材料选择

选取不同遗传背景的某种牧草或草坪草自然群体材料 300 份以上。材料选
择的基本原则：①遗传变异和表型变异丰富；②群体结构分化不能过于明显
（如亚种以上，发生生殖隔离是不能做 GWAS 的）。非稀有变异中，对中等变
异解释率（10% 左右）位点的检测功效要达到 80% 以上时，需要的样本量在
400 左右，位点的效应越低，需要的样本量越大。田间或温室盆栽种植，并设
3 次重复。

（二）DNA 提取

1. 针对每份材料选取其幼嫩叶片 3～6 片，采用 DNeasy Plant Pro Kit 植
物 DNA 提取试剂盒（QIAGEN）提取组织 DNA，提取方法见试剂盒操作
手册。

2. DNA 的检测采用 1% 琼脂糖凝胶电泳（1 g 琼脂糖溶于 100 mL 1×TBE
溶液），摇匀。在微波炉中加热至琼脂糖完全熔解。加入 10 μL GelGreen 核酸
染料作为染色剂，并摇匀。将熔解的琼脂糖（约 50 ℃）倒入制胶板，插入梳
子，室温冷却凝固。充分凝固后，将凝胶置于电泳槽中，加 1×TBE 电泳缓冲
液至液面覆盖凝胶 1～2 mm，小心垂直向上拔出梳子。将 PCR 水 2 mL 与
200 μL 10×BlueJuice™ 混匀后，加 8 μL 至 PCR 板，用移液枪吸取总 DNA

$2\,\mu L$，与上述溶液混合均匀后加至电泳胶板点样孔中。打开电泳仪开关，调节电泳仪电压 100 V 走胶，待样品走至整个区间的 2/3（约 40 min）时，结束电泳。将胶板取出置紫外凝胶成像系统成像后观察 DNA 是否降解及是否有蛋白质残留。另外，用 NanoDrop 微量分光光度计检测所提取 DNA 浓度和质量，然后统一稀释至 10 ng/μL，保存在 -20 ℃冰箱备用。

（三）基因分型

采用甲基化敏感限制性内切酶 Apek Ⅰ进行 DNA 消化，并进行文库制备。基因分型（genotyping‐by‐sequencing，GBS）由 Illumina BeadStation 500G SNP 分型系统完成。基本程序如下：使用比对软件 BWA（burrows wheeler aligner，v0.7.15）为大型参考基因组建立索引，采用 aln 算法，最大编辑距离 0.01，其他所有参数为默认值，将 clean reads 比对到参考基因组，BWA 比对结果 BAM 文件经 Picard Tools v1.95（排序，去重复、加 ID 等）处理后，利用 Freebayes v1.1.0 完成样品的个体 SNP 分型检测。在一致序列（即经比对后获得样本的所有 SNP 信息）的基础上，将检测到的基因型与参考序列之间存在多态性的位点进行过滤，得到可信度高的 SNP 数据集。TASSEL 软件中所录入的 SNP 数据集见图 31‐1。

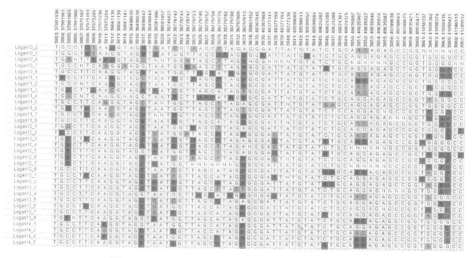

图 31‐1　TASSEL 软件中所录入的 SNP 数据集

（四）群体遗传多样性分析

用 PowerMarker V3.25 软件计算每个 SNP 位点的等位变异数、等位基因频率、多态性信息含量（PIC）。

$$PIC = 1 - \sum_{j=1}^{i} P_{ij}^2$$

式中，P_{ij} 表示位点 i 的第 j 个等位变异出现的频率。

用 PowerMarker V3.25 软件计算全部材料的 Rogers 遗传距离，进行聚类分析，使用 MEGA 7.0 软件（http://www.megasoftware.net）构建 NJ 聚类图。

（五）群体结构分析

利用已获得的 SNP 标记，运用 Structure 2.3.1 软件将所有测试材料进行亚群划分，并确定不同材料的遗传组成，类群参数值 K 设定为 2～10，迭代参数为 100 000，burn-in period 为 100 000，每个 K 值均独立运行 3 次。根据综合群体结构的分析结果和已有株系的系谱信息确定该研究材料的合适亚群数。

（六）表型性状测定

选取与育种目标（如产量、抗寒性、抗病性等）直接相关的表型性状，测定各材料相应性状对应数据。

1. 数量性状 多基因控制，能够测量得到具体数值，符合正态分布；考虑到数量性状受环境影响大，建议将所有材料在同一环境下培育，或者将多年多点的数据分开分析后综合结果或取 BLUP 值作为性状值进行关联分析。

2. 质量性状 单基因控制，无法用具体数值衡量，可转换成 0、1 等表示，需注意每个群体选取近似的样本。

3. 分级性状 表型分布类似质量性状，但实际受多基因控制（数量性状），如抗性性状，因此需要提供每一个个体精确的测量数据。

4. 多指标性状 有多个指标可以同时度量时，找出代表原表型数据变异的主成分因子，作为关联分析的表型数据。

TASSEL 软件中所录入的表型性状数据样例见图 31-2。

（七）全基因组关联分析（GWAS）

使用 TASSEL 5.0 中的混合线性模型（MLM）（http://www.maizegenetics.net/tassel）对基因型和表型数据进行标记-性状关联分析。将亲缘矩阵（K）与 Q 矩阵（Q）联合用于关联映射过程中的种群结构控制。采用 0.05 的伪发现率（FDR）来确定标记-性状关联的显著性。由 TASSEL 5.0 生成曼哈顿图和分位数图。

六、实验结果与分析

利用 TASSEL 软件进行关联分析后，需对显著性 SNPs 进行筛选。一个合理的显著阈值是在 Bonferroni 多重检验矫正之后的 5%（0.05/SNPs 总数）。

Bonferroni 矫正中的分母是检验的 SNPs 的总数。原 P 值减去（0.05/SNPs 总数）所得值为负数，即表示 SNP 位点与表型性状关联显著。

Taxa	LCC	PH	SC	RWC	DW	FW
Logan10_1	44.867	57	255.967	70.567	0.65	4.117
Logan10_2	40.9	49.667	268.633	76.087	0.629	3.733
Logan10_3	45.367	41	365.6	88.13	0.283	1.76
Logan10_4	49.95	55.5	175.45	75.725	0.851	4.405
Logan10_6	47.633	60.9	311.433	78.74	0.662	4.903
Logan10_7	51.167	51.333	303.567	63.973	0.668	4.433
Logan10_8	47.1	57.333	282.9	73.32	0.824	4.897
Logan11_1	43.2	51.667	239.367	69.207	0.512	3.62
Logan11_2	47	53.667	240.9	70.47	0.739	4.223
Logan11_3	38.533	46.667	327.767	66.207	0.899	5.313
Logan11_4	50	61.333	301.767	63	0.948	5.783
Logan11_5	40.067	50.667	309.533	71.05	0.761	4.653
Logan11_6	52.267	50	236.767	82.65	0.704	3.62
Logan11_7	42.133	61.667	301.767	71.383	0.852	4.867
Logan11_8	42.067	54.667	241.867	75.777	0.789	5.187
Logan12_1	54.233	40.667	225.733	69.34	0.586	3.673
Logan12_2	56.733	53	425.933	64.48	0.704	4.263
Logan12_3	48.1	46.667	252.633	70.823	0.818	5.287
Logan12_4	53.633	52.667	350.9	67.977	0.712	4.313
Logan12_5	52.1	52.333	369.067	79.47	1.023	6.607
Logan12_6	50.167	41	289.067	82.537	0.709	4.587
Logan12_7	50.133	53.667	297.767	67.143	0.867	5.153
Logan12_8	55.767	60	378.833	68.407	0.816	4.797
Logan13_1	56.367	58.333	236.933	75.497	1.014	6.327
Logan13_2	45.467	42.333	117.133	74.923	0.57	3.613
Logan13_3	51.833	61.667	359.267	64.88	0.881	4.997
Logan13_4	50.333	49	262.9	79.143	0.93	5.933
Logan13_5	56.867	57.267	291.433	61.033	0.75	4.477
Logan13_6	56.267	54.333	329.667	70.85	1.036	5.747
Logan13_7	49.733	68	251.2	69.757	1.124	6.377
Logan13_8	47.533	56.333	296.433	72.59	0.421	2.44
Logan14_1	50.4	53	231.467	61.957	0.826	5
Logan14_2	53.2	52.333	292.667	75.863	1.241	6.357
Logan14_3	43.267	52.667	327.833	71.16	0.78	4.297
Logan14_4	52.233	61.667	272.233	68.485	1.118	5.087
Logan14_5	51.667	55	344.367	59.555	0.842	4.887

图 31-2　TASSEL 软件中所录入的表型性状数据集

七、讨论

1. 试比较分析 SNP 分子标记与其他类型分子标记的不同之处。

2. 试举例说明如何利用已知 SNP 分子标记开展分子标记辅助选择。

（刘香萍）

实验 32　牧草与草坪草载体构建及遗传转化技术

一、实验目的

掌握载体构建的方法，能熟练运用农杆菌介导法或基因枪法进行目的基因的遗传转化。

二、实验原理

依赖于限制性核酸内切酶、DNA 连接酶和其他修饰酶的作用，分别对目的基因和载体 DNA 进行适当切割、修饰后，将二者连接在一起，再导入宿主细胞，实现目的基因在宿主细胞内的正确表达。

三、实验材料与用具

1. 材料　含有目的基因片段的 T 载体、植物表达载体 pCAMBIA3301、大肠杆菌（*Escherichiacoli*）菌株 DH5α、限制性内切酶、农杆菌 GV3101。

2. 药品　胶回收试剂盒、T4 连接酶、琼脂、MS 培养基所用各种试剂、无水乙醇、醋酸钠等。

3. 用具　PCR 仪、电泳仪、电泳槽、凝胶成像分析系统、基因枪等。

四、实验内容

1. 植物表达载体构建。
2. 农杆菌介导遗传转化。
3. 基因枪介导遗传转化。

五、实验方法与步骤

（一）植物表达载体构建

1. 酶切反应　含有目的基因片段 T 载体质粒与 pCAMBIA3301 空载体双酶切（根据目的基因片段选用限制性内切酶），反应体系内含有质粒、限制性内切酶、内切酶反应缓冲液、双蒸水。将反应体系混匀后 37 ℃酶切反应 2～3 h。反应结束后用 1%的琼脂糖凝胶电泳检测酶切效果。利用胶回收的方法分别回收植物表达载体和目的基因。胶回收方法见胶回收纯化试剂盒。

2. 连接反应　将酶切后带有黏性末端的载体片段和胶回收的目的片段用 T4 连接酶直接进行酶连。一般连接反应目的片段与载体的物质的量浓度比为 1∶10。连接反应体系如下：

10×缓冲液	2.5 μL
目的片段	0.3 pm
pCAMBIA3301 载体	0.03 pm
T4 连接酶	2.5 μL
补双蒸水到	25 μL

连接反应 16 ℃孵育过夜。

3. 细胞转化　将连接产物转化到大肠杆菌菌株 DH5α 中，吸取连接产物 10 μL 于装有 100 μL 解冻后的感受态（大肠杆菌菌株 DH5α）的离心管中，轻轻混合均匀，在冰上放置 30 min。然后将离心管放到 42 ℃热激 90 s（或 37 ℃ 水浴 5 min），取出后迅速放于冰上，冷却 5 min。向离心管中加入 500 μL LB 液体培养基（不含卡那霉素），混匀后 37 ℃振荡培养 1 h。将菌液摇匀后取 100 μL 涂布于含卡那霉素的 LB 培养基平板上（表达载体的抗性是卡那霉素抗性），37 ℃倒置培养 12～16 h，直至长出单菌落。

4. 单克隆检测　用接种环（或枪头）挑单克隆，然后用枪吹打，之后摇菌 4～5 h，至浑浊。以摇好的菌液为模板，用目的基因引物进行 PCR 鉴定。对含有目的条带的阳性克隆进行测序鉴定。

（二）农杆菌介导遗传转化

1. 农杆菌感受态的制备、转化及鉴定

（1）将活化好的农杆菌 GV3101 菌液取 100 μL 涂在含 50 μg/mL 利福平（Rif）的 YEB 平板上，生长 48 h。挑取农杆菌单菌落于 1 mL 含 50 μg/mL 利福平的 YEB 液体培养基中，180 r/min，28 ℃振荡培养过夜。

（2）取摇好的菌液 500 μL，加到 25 mL 含 50 μg/mL Rif 的 YEB 液体培养基中，28 ℃，180 r/min 振荡培养至菌液 OD_{600} 为 0.3～0.6。

（3）取 5 mL 农杆菌菌液在冰上静置 10 min，然后 4 ℃，5 000 r/min 离心 5 min，取上清液。

（4）加入 5 mL 0.1 mmol/L NaCl 溶液悬浮农杆菌，4 ℃，5 000 r/min 离心 5 min，取上清液。

（5）加入 5 mL 预冷的 70 mmol/L $CaCl_2$ 溶液悬浮农杆菌，冰上静置 20 min，4 ℃，5 000 r/min 离心 5 min，取上清液。

（6）加入 500 μL 70 mmol/L $CaCl_2$ 溶液重新悬浮农杆菌，分装成 5 管，迅速用液氮处理 1 min。−80 ℃保存备用。

（7）将构建好的载体质粒取 1 μL 加到 100 μL 的农杆菌感受态细胞中，液氮速冻 1 min，迅速转入 37 ℃水浴 5 min，再加入 1 mL YEB 液体培养基，28 ℃，180 r/min 振荡培养 4 h。

（8）取 200 μL 菌液，涂在 YEB 平板上 ［含有 50 μg/mL 卡那霉素和 50 μg/mL Rif］，28 ℃，培养 48 h。挑选单克隆菌落，进行 PCR 验证，然后将阳性克隆接入到 5 mL YEB 液体培养基（含有 50 μg/mL 卡那霉素和 50 μg/mL Rif）中，180 r/min，摇菌至浑浊。分装，加 20% 甘油，于－80 ℃保存。

2. 农杆菌介导的遗传转化

（1）将已转入表达载体的 GV3101 农杆菌感受态活化、摇菌，接种于含有 50 μg/mL 卡那霉素和 50 μg/mL Rif 的 YEB 平板上，28 ℃培养 48 h。

（2）在平板上挑取农杆菌单菌落，接种于 20 mL 含有 50 μg/mL 卡那霉素和 50 μg/mL Rif 的 YEB 液体培养基内，28 ℃，180 r/min 摇菌，直到菌液 OD_{600} 值为 0.4～0.6。

（3）将摇好的菌液离心，取上清，用 20 mL 灭菌的 MS 液体培养基重新悬浮菌体，备用。

（4）将适宜时期的外植体浸泡在（3）中，轻轻摇晃。

（5）侵染 15～20 min 后，回收外植体。用灭菌的滤纸吸干表面残留的液体。

（6）摆放到共培养培养基上，封好培养皿，25 ℃暗培养 4 d。

（7）转移到诱导愈伤培养基上进行愈伤组织的诱导，经 Hyg（潮霉素）筛选，约 3 周后，有抗性芽生出。

（8）将抗性芽转入分化培养基上，促进抗性芽的生长。

（9）将约 1 cm 高的抗性芽切下，转入生根培养基进行生根培养，3 周后获得完整植株。

（10）经过炼苗的再生烟草，转入花盆中进行生长。

（11）转基因植株的 PCR 鉴定。分别提取 RNA 及基因组 DNA，并将 RNA 反转录为 cDNA，分别以基因组 DNA 和 cDNA 为模板，用潮霉素特异性引物 Hyg‐F/Hyg‐R 和目的基因全长 cDNA 引物进行 PCR 鉴定。

（三）基因枪介导遗传转化

1. 目的基因 DNA 片段的浓缩 向胶回收的 DNA 片段溶液中加入 2.5 倍体积的无水乙醇及 1/10 体积的 3 mol/L 醋酸钠，－20 ℃沉淀过夜。然后 12 000 r/min 离心 10 min，弃上清，用 70% 乙醇清洗 3 次后吸去多余的乙醇并使 DNA 自然风干，加入 10～20 μL 灭菌的双蒸水溶解过夜，并估量保存。

2. 愈伤的高渗处理 诱导培养 5～6 d 后，选择大小均匀且致密的愈伤组织，将其盾片向上转移至高渗培养基（含甘露醇 90 g/L）中，愈伤应紧密排列，25 ℃条件下暗处理 4～6 h。

3. 金粉颗粒的制备 称取 60 mg 直径为 1.0 μm 的金粉颗粒放入 1.5 mL 离心管中，加入 1 mL 无水乙醇，振荡 1 min 后 10 000 r/min 离心 10 s，弃上清。重洗一次后将金粉悬浮于 1 mL 无菌双蒸水中，现用或−20 ℃保存。

4. 金粉包被 DNA 吸取 50 μL 金粉悬浮液，20 μL 0.1 mol/L 亚精胺，20 μL 2.5 mol/L $CaCl_2$，5 μg DNA，振荡 3 min，10 000 r/min 离心 20 s，弃上清，用无水乙醇洗涤 2 次，加入 60 μL 无水乙醇，重悬。

5. 基因枪轰击愈伤组织 使用基因枪（PDS‐1000/He）轰击高渗处理后的愈伤组织，可裂圆片承受压力约为 75 791 kPa，轰击距离为 6 cm，真空度约为 37 kPa，基因枪的轰击次数为 1 次。将轰击后的愈伤组织再次放入 25 ℃恒温培养箱中，黑暗培养 16～18 h。

6. 愈伤组织的后期培养

（1）恢复培养 将暗处理后高渗培养基中的愈伤组织移至 MS 恢复培养基中，注意动作轻柔，避免造成机械损伤，继续 25 ℃暗培养 21 d。

（2）植株再生及移栽 将恢复后的愈伤组织移至分化筛选培养基，14 d 后将长出绿点的愈伤组织移至第二轮分化筛选培养基，然后移至生根培养基。

六、实验结果与分析

对获取的转基因植株进行检测，统计阳性苗的比例，并进行统计分析。

七、讨论

如何提高牧草与草坪草基因遗传转化过程中阳性苗的比例？

（张攀）

实验 33 CRISPR/Cas9 基因编辑技术

一、实验目的

理解 CRISPR/Cas9 基因编辑技术原理，掌握 CRISPR/Cas9 基因编辑基本方法。

二、实验原理

基因组编辑技术是一种可以在基因组水平上对 DNA 序列进行改造的遗传操作技术。其技术原理是构建一个人工内切酶，在预定的基因组位置切断 DNA，切断的 DNA 在被细胞内 DNA 修复系统修复时会产生突变，从而达到定点改造基因组的目的。CRISPR/Cas 技术一种来源是细菌获得性免疫的，由 RNA 指导 Cas 蛋白对靶向基因进行修饰的技术。CRISPR/Cas9 系统主要由两大部位组成：CRISPR 系统通常由不连续的重复序列（repeat，R）与长度相似的间区序列（spacer，S）间隔排列而成的 CRISPR 簇，前导序列（leader，L）以及一系列的 CRISPR 相关蛋白基因（cas）组成。Cas（CRISPR associated）存在于 CRISPR 位点附近，是一种双链 DNA 核酸酶，能在向导 RNA 引导下对靶位点进行切割，它不需要形成二聚体就能发挥作用。

CRISPR/Cas9 技术具有操作简单、试验周期短、靶向精确性更高、基因修饰率高、基因调控方式多样、无物种限制等多个优点。因此，CRISPR/Cas9 可以开辟一条全新的育种方式，有效减少化肥、农药、杀虫剂等的使用，在取得经济效益的同时保护好生态环境，还可以兼顾品种改良和缩短育种年限。CRISPR/Cas9 作用机理见图 33-1。

三、实验材料与用具

1. 材料 中间载体 SK-gRNA 和载体 pC1300-Cas9。

2. 药品 Taq DNA 聚合酶、高保真聚合酶、反转录试剂盒、T4 DNA 连接酶、限制性内切酶、琼脂糖凝胶、DNA 回收试剂盒、植物总 RNA 提取试剂盒、质粒小提试剂盒、大肠杆菌感受态等。

3. 用具 移液枪、离心机、摇床、PCR 仪、水浴锅、凝胶成像系统、电泳仪等。

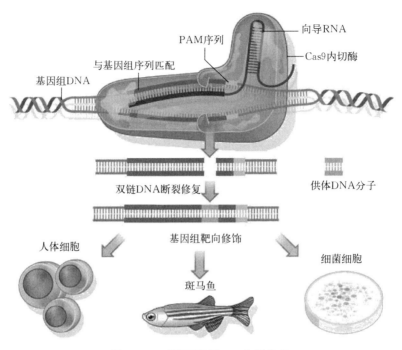

图 33-1 CRISPR/Cas 9 作用机理

四、实验内容

CRISPR/Cas9 表达载体的构建。

五、实验方法与步骤

（一）Adapter 制备

取 10 μmol/L 正向引物和反向引物各 1 μL，加 8 μL 双蒸水于 PCR 反应管中，90 ℃孵育 15 s，置于室温。

（二）sgRNA 的构建

1. 靶基因序列的确定 打开 NCBI（http：//www. ncbi. nlm. nih. gov/），查询靶基因的核酸序列；找到对应的基因序列，找到 mRNA sequences 区域；进入页面后，找到 CDS 区域，获得靶基因序列。

2. sgRNA 序列在线设计 打开网页（http：//crispr. mit. edu/），在输入框中输入靶基因名称和邮箱，同时选择 unique genomic region（23～500 bp）选项，再将靶基因的序列复制到 sequence 输入框；点击红色标记区域即可获得 sgRNA 设计所需的序列，一般选择分值高于 60 的序列，复制前 3 个分值高的序列，向两条链上分别添加黏性末端 CACCGTGCTACGCTGCTGCTGGCGC 和 AAACCGCGGTCGTCGTCGCATCGTC，然后将设计好的序列送往公司合成。

3. 两条 sgRNA 的设计　在获得 sgRNA 设计结果页面点击 Nickase analysis；进入页面后，可以获得两条 sgRNA 对应的分值，选择单个 sgRNA 分值大于 60、分值高的两条序列，即为需要的序列，分别将两条序列保存在 Excel 表中；用相同的方法获得反义链及所需要送公司合成的序列。

4. sgRNA 的构建及鉴定　退火形成黏性末端，反应体系为在 10 μL 体系中各加入终浓度为 0.001 μL/L 的正向引物和反向引物，94 ℃保持 10 min，55 ℃保持 10 min，完成退火；用限制性内切酶酶切中间载体使之形成具有黏性末端的线性载体，将反应体系电泳，切胶回收；将 sgRNA 和载体连接，室温孵化 30 min；将连接好的载体质粒转化到大肠杆菌 DH5α 感受态细胞；挑取单克隆，提取质粒，测序。

5. CRISPR/Cas9 表达载体构建　利用内切酶酶切 pC1300 - Cas9 载体和 3 个中间载体质粒，分别切胶回收纯化最终载体和 3 个含有靶序列的中间载体片段，酶切产物在 3% 的琼脂糖凝胶上电泳，用试剂盒纯化回收目的片段，将 3 个 gRNA 用 T4 连接酶连接到最终载体。内切酶及反应体系根据载体及目的片段序列特征进行选择。将连接终产物转化到大肠杆菌，涂板过夜，用载体引物进行菌落 PCR 扩增，挑出阳性克隆，送公司测序验证。

六、实验结果与分析

对测序结果进行分析，看是否正确得到目的载体。

七、讨论

1. CRISPR/Cas9 表达载体构建的难点是什么？
2. CRISPR/Cas9 技术在牧草与草坪草中的应用如何？

（张志强）

实验 34　牧草与草坪草基因克隆技术

一、实验目的

了解基因克隆的基本原理，掌握基因克隆技术方法。

二、实验原理

基因克隆的目的就是将来自不同生物的基因同有自主复制能力的载体 DNA 在体外进行人工连接，构成新的重组 DNA，为基因的遗传转化奠定基础。

不同物种具有相同或相似功能的基因，一般具有一个或几个相对保守的区域，根据保守区域设计引物进行 PCR 扩增得到目的基因片段，然后利用 cDNA 末端快速扩增技术（rapid amplification of cDNA ends，RACE）和染色体步移技术得到全长 cDNA 序列。

三、实验材料与用具

1. 材料　紫花苜蓿幼苗。

2. 药品　大肠杆菌 DH5α、pMD18 - T 载体、DNA 限制性内切酶、T4 连接酶、DNA 分子量标准 DL - 2000、cDNA 合成试剂盒、Pfu 酶、RNA Trizol、DNA GEL Extraction Kit（DNA 凝胶、回收试剂盒）、胰蛋白胨、酵母提取物、NaCl、琼脂粉、氨苄西林（Amp）、乙醇、无菌水等。

3. 用具　离心机、摇床、PCR 仪、金属浴或水浴锅、制冰机、不同规格移液枪、电泳仪、凝胶成像系统、高压灭菌锅、核酸分析仪、0.22 μm 滤膜等。

四、实验内容

紫花苜蓿基因克隆。

五、实验方法与步骤

（一）引物设计

根据目的基因序列信息，参照实验 26 进行目的基因引物设计。

（二）RNA 提取

以紫花苜蓿幼苗为材料，参照实验 25 用 Trizol 进行 RNA 提取，并用核酸分析仪测定 RNA 浓度和 OD 值。

（三）反转录 cDNA

以提取的 RNA 为模板，将 RNA 反转录为 cDNA。操作步骤如下。

1. 基因组 DNA 的除去反应

反应体系：10 μL 反应体系

5×gDNA Eraser 缓冲液	2 μL
gDNA Eraser	1 μL
总 RNA	1 μg（X μL）
不含 RNA 酶水	$7-X$ μL

反应程序：42 ℃，2 min；4 ℃ 保存。

2. 反转录反应

反应体系：20 μL 反应体系，在上述 10 μL 反应液中加入

5×PrimerScript 缓冲液	4 μL
PrimerScript RT Enzyme Mix Ⅰ	1 μL
RT Primer Mix	1 μL
不含 RNA 酶水	4 μL

反应程序：37 ℃，15 min；85 ℃，5 s；4 ℃ 保存。

合成的 cDNA 于 −20 ℃ 保存。

注：反应前制冰，并提前溶解需要溶解的试剂；每步反应中，反应液 gDNA Eraser 和 PrimerScript RT Enzyme Mix Ⅰ 最后加入。

（四）目的基因的克隆

以合成的 cDNA 为模板，用设计好的引物对其进行 PCR 扩增。操作步骤如下。

1. 反应体系（20 μL）

Pfu 酶	10 μL
正向引物	0.8 μL
反向引物	0.8 μL
模板	1 μL（<0.4 μg）
不含 RNA 酶水	7.4 μL

注：引物浓度可适当在 0.2～0.6 μmol/L 调节。即扩增效果不好时增加，发生非特异性扩增时减少。

2. 反应条件

95 ℃   2 min

95 ℃   30 s

55～65 ℃   30 s }35～40 个循环

72 ℃   40 s

72 ℃   10 min

注：无法得到理想扩增时，适当降低退火温度；发生非特异性扩增时，提高退火温度。一般退火温度比引物的熔解温度低 5 ℃。该酶的扩增效率为 1 kb/s。根据片段大小更改延伸时间。循环数太少，扩增量会不足；太多，增加非特异性扩增。故适当设定。

反应结束后，取 5.0 μL PCR 产物在 2.0% 的琼脂糖凝胶上电泳，检测是否扩增出目的片段，用凝胶成像系统拍照分析，产物-20 ℃保存备用。

(五) PCR 产物的回收

将电泳后的 DNA 片段进行凝胶回收。以 AxyPrep DNA 凝胶回收试剂盒为例，操作步骤如下。

1. 在紫外灯下切下含有目的 DNA 的琼脂糖凝胶，用纸巾吸尽凝胶表面液体并切碎。计算凝胶重量，该重量作为一个凝胶体积（提前记录离心管重量）。

2. 加入 3 个凝胶体积的 Buffer DE - A，混合均匀后于 75 ℃加热，间断混合（每 2～3 min），直至凝胶块完全熔化（6～8 min）。

3. 加 0.5 个凝胶体积的 Buffer DE - B，混合均匀；分离的片段小于 400 bp，加 1 个凝胶体积的异丙醇。

4. 吸取步骤 3 中的混合液，转移到 DNA 制备管（置于 2 mL 离心管）中，12 000 g 离心 1 min，弃滤液。

5. 将制备管置回 2 mL 离心管，加 500 μL Buffer W1，12 000 g 离心 30 s，弃滤液。

6. 将制备管置回 2 mL 离心管，加 700 μL Buffer W2，12 000 g 离心 30 s，弃滤液。以同样的方法再用 700 μL Buffer W2 洗涤 1 次，12 000 g 离心 1 min。

7. 将制备管置回 2 mL 离心管中，12 000 g 离心 1 min。

8. 将制备管于洁净的 1.5 mL 离心管中，在制备膜中央加 25～30 μL Eluent（洗涤液）或去离子水，室温静置 1 min。12 000 g 离心 1 min 洗脱 DNA（将 Eluent 或去离子水加热至 65 ℃将提高洗脱效率）。

(六) 目的片段连接

将上步回收的 PCR 产物与 pMD - 18T 载体连接 [按 (3～9)：1 的摩尔比]。

反应体系见下：

pMD-18T 载体（50 ng/μL）	1.0 μL
PCR 产物	4.0 μL
连接酶（Ligation Solution Ⅰ）	5.0 μL
总计	10.0 μL

混匀后，16 ℃连接过夜，−20 ℃保存。

（七）转化过程

1. 试剂的配制

（1）LB 培养基（1 L）　10 g 胰蛋白胨，5 g 酵母提取物，10 g NaCl，固体培养基每升加琼脂粉 15 g，pH 7.0，高压灭菌。

（2）LB 培养基（加 Amp）　将配好的 LB 固体培养基高压灭菌，冷却到 60 ℃左右，加入 Amp，终浓度 100 μg/mL，摇匀后铺板。

（3）Amp 贮液　100 mg Amp 溶于 1 mL 蒸馏水中，0.22 μm 滤膜过滤，−20 ℃保存。

（4）X-gal　用二甲基甲酰胺溶解配成 20 mg/mL 的贮存液，于−20 ℃避光保存。

（5）IPTG　2 g IPTG 溶解于 8 mL 无菌水中，之后用水定容至 10 mL，过滤分装小份，于−20 ℃保存。

2. 操作步骤

（1）无菌操作台经紫外灯杀菌 30 min；在 LB 平板上（100 μg/mL）涂布 14 μL 20％的 IPTG 和 80 μL 2％的 X-gal 的混合液，涂布均匀后，37 ℃温育约 2 h 至液体吸收。

（2）10 μL 的连接液加入感受态细胞中，冰中静置 30 min。

（3）置于 42 ℃进行水浴 45 s（忌振荡），快速将离心管转移到冰中，平稳放置 1 min，切忌摇动。

（4）将 290 μL（890 μL）无抗性的 LB 液体（没有加 Amp）培养基加入离心管中，37 ℃，80 r/min 复苏约 60 min。

（5）在已吸收好 X-gal 和 IPTG 的 LB 平板上加入 200 μL 已复苏好的菌液，将此培养基正置于 37 ℃培养箱中培养，至液体被培养基充分吸收后倒置平板培养基；用一无菌玻璃推板轻轻将转化的细菌均匀地涂于培养基上（玻璃推板充分火焰消毒，待充分冷却后再进行涂板，可将推板贴在平板盖内侧，再用手隔板盖感觉温度）。

（6）37 ℃恒温过夜培养（12～16 h）后可见培养基中长有许多单一菌落。

（7）当菌落大小长至一定程度时，将培养基倒置于 4 ℃ 显色 1～2 h 后蓝白斑分明可见，其中转化了空载体的菌落，即未重组质粒的菌，长成蓝色菌落；转化了重组质粒的菌，即目的重组菌，长成白色菌落（菌落不宜太大，否则有杂菌混入，培养箱中培养不超过 16 h）。

（八）菌落 PCR 检测阳性克隆

1. 从培养基平板中挑取白色单菌落溶解于 30 μL 无菌水中，用枪头搅匀后，取 1～2 μL 菌液为模板，用 T 载体通用引物 M13R（10 μmol/L）和 RVMF（10 μmol/L）进行 PCR 扩增，以筛选阳性克隆。

2. 采用 25 μL 的 PCR 反应体系进行 PCR 反应，PCR 反应程序中，退火温度设为 62 ℃。PCR 结束后用 1% 的琼脂糖凝胶进行电泳检测。

3. 在超净台内，将筛选的阳性克隆挑入 LB 培养基，一个菌落一支管，180～200 r/min 过夜（12～16 h，菌体浑浊为佳），送去公司测序。

六、实验结果与分析

将测序结果在 NCBI（http：//www. ncbi. nlm. nih. gov/）和 ExPASy（http：//www. expasy. org/）中进行序列比对，并对目的核酸序列、氨基酸序列进行分析。

七、讨论

1. 牧草与草坪草基因克隆的具体应用有哪些？
2. 基因克隆的具体操作有哪些？

（张志强）

第四篇 | DISIPIAN

育种学实验实习

实验 35 牧草与草坪草育种计划书制订

一、实验目的

育种计划书是育种试验能否顺利进行的依据，通过计划书的制订能让学生了解育种过程涉及的步骤和测定的指标，使学生初步学会制订田间试验计划书的方法。通过参加某一种牧草与草坪草育种试验的播种前后工作、田间观察和管理，熟悉和掌握牧草与草坪草育种工作。

二、实验原理

育种工作每一项试验在进行前，根据试验目的和要求，结合本单位的具体条件，制订出周密、详尽的育种计划和实施方案，并以文字形式将全部试验设想表达出来，就是田间育种试验计划书。计划书的内容包括试验的全部情况和全部过程的说明，即从试验的题目、目的要求到田间管理方法，最后到收获为止的全部过程。

严格执行计划书，才能使各项工作得以有序、合理地进行，也便于按阶段或年度检查试验的执行情况。多年生牧草与草坪草育种试验是一个连续的过程，内容多，既有室内准备，又有田间实施，因此必须遵循一定的方法步骤和操作规程，以免发生差错，造成难以弥补的损失。

三、实验材料与用具

1. 材料 牧草与草坪草播种材料。
2. 用具 笔记本、铅笔、计算器、白纸等。

四、实验内容

1. 种植计划的制订。
2. 田间观察记载内容。

五、实验方法与步骤

根据实验目的和要求，按下列格式编写试验计划书（表 35 - 1）。

（一）实验名称

写明试验的课题，如品种比较试验。

（二）实验目的

写明本试验要解决什么问题，达到什么效果。如进行牧草品种比较试验的目的就在于比较评价在当地自然和栽培条件下，参加试验的品种中哪些品种的产量高而稳定，综合性状表现好，符合当地生产的要求，进而为今后在当地推广提供可靠的科学依据。

（三）种植计划的制订

1. 试验材料与处理 写明供试材料或参试品种、对照品种的名称、代号、材料来源等。

2. 试验地的设计 说明本试验采用的种植方法，如对比法、随机区组法等，并说明小区面积（长×宽）、行距、株距、走道宽度、渠道、畦埂、重复次数、保护行（区）的设置等，计算出用地总面积，最后绘制一张详细的田间种植图，并标明方位，以备后用。

3. 试验地的基本情况 写明试验地的地势，土壤类型和肥力、前作；整地日期、整地方法；施用基肥的种类、数量、质量、施肥方法和要求。

4. 试验材料的播种 播种材料的准备、播前处理、播种量、播种时间、播种方法、种植密度等。

5. 试验地的田间管理 施肥种类、数量和时间，中耕除草，灌溉次数和时间，病虫害防治及一些主要的栽培措施等。

（四）田间观察记载内容

1. 物候期记载 出苗期、分蘖期、拔节期、开花期、成熟期。

2. 经济性状的记载 如株高、生长速度、鲜草产量、茎叶比等。

3. 抗逆性记载 如抗旱性、抗寒性、抗虫性、抗病性等。

田间观察记载项目应根据试验的目的要求及牧草与草坪草种类的不同进行调整，要抓试验的主要项目，突出重点。

（五）经费预算

根据试验计划书预算经费。

六、实验结果与分析

根据实验要求制订牧草与草坪草育种计划书。

表 35-1 田间试验计划书

试验名称：	负责单位：
目的及主要研究内容：	
试验区总面积：	前作及试验地概况：
本年耕作、施肥、灌水及田间管理计划：	

（续）

田间设计	供试品种（或处理项目）：		
	对照品种（或处理）：	小区形状及面积：	
	排列方法：	重复次数：	
	行距： 株距：	区距： 走道宽度：	
	播种量：	播种方式：	
	播种期：	保护行品种：	

种子来源及生产年份：	
种子处理情况：	

执行情况	耕作、灌水、施肥及田间管理是否符合要求：
	试验区的规划、播种有无差错：
	本年气象特点及自然灾害：

七、讨论

1. 根据所参加或了解的育种试验工作情况，拟订一份完整的品种比较试验计划书（包括计划的田间种植图）。

2. 分析编写计划书时存在的问题及应注意的事项。

（杜利霞）

实验 36　牧草与草坪草播种材料准备

一、实验目的

学习试验材料播种前种子清选、质量检验、播种量计算、分装等播种材料准备方法。

二、实验原理

播种试验材料一般比较多，在田间种植前一定要在实验室做好种子清选、种子质量检验、播种量计算、分装、编号等准备工作。播前试验材料的准备是每年度育种试验工作的开始，也是确保育种工作顺利进行的基础。

三、实验材料与用具

1. 材料　同一来源、质量优良的育种材料种子。
2. 用具　纸袋、标牌、尼龙丝网袋、铅笔、计算器、天平、培养箱等。

四、实验内容

1. 试验材料的整理清选。
2. 种子质量检验。
3. 播种量计算。
4. 种子分装。

五、实验方法与步骤

（一）试验材料的整理清选

将上一年评选留用或采集的各种试验材料，按照原来编号顺序，先后排列于种子箱内，并进行检查。然后取出种子材料进行清选，去掉种子内夹杂的其他品种种子、杂草种子、土块、石子、茎秆等杂物。种子材料在播种前一个月左右应进行粒选（大粒种）或筛选（小粒种）。

（二）种子质量检验

1. 种子净度测定　种子净度为种子样品中去除杂质和废种子后，留下本作物的好种子的重量占样品总重量的百分率。具体方法详见《草种子检验规程　净度分析》（GB/T 2930.2—2017）。

2. 种子发芽力测定　种子发芽力指种子在适宜条件下发芽并长成正常幼苗的能力。常用发芽势和发芽率表示。具体方法详见《草种子检验规程　发芽试验》（GB/T 2930.4—2017）。

种子发芽势是发芽试验规定日期内正常发芽种子数占供试种子数的百分率。

种子发芽率是发芽试验终期全部正常发芽种子数占供试种子数的百分率。

发芽势和发芽率以 3 次重复的平均数表示，计算至整数。

3. 种子千粒重测定　种子千粒重指 1 000 粒种子的绝对重量，直接称重测定，单位用克表示。它是种子充实饱满、粒大的综合指标，是种子质量的指标之一。具体方法详见《草种子检验规程　重量测定》（GB/T 2930.9—2017）。

（三）播种量计算

根据种子的发芽率、纯净度、千粒重，计算出小区播种量，方法如下。

$$x=\frac{A \cdot B \cdot C}{10\,000 \times 1\,000\,\mu\beta\,(1-\omega)}$$

式中，x 为小区播种量（g）；A 为每公顷计划株数；B 为千粒重（g）；C 为小区面积（m²）；μ 为发芽率；β 为种子净度；ω 为田间损失率。

（四）种子分装

根据计算好的各小区播种量，称量出种子，根据每小区播种行数，计算出每行的播种量（小区播种量/行数），用天平称出各行的播种量，分别装入小种子袋，袋内小标牌（纸）上写明区组号、小区号和处理名称或代号，再将同一小区各行的小种子袋合并在一起，装入大种子袋内，按照田间试验布置图的区组和小区的排列顺序，将大种子袋装在种子箱内，以备播种。

六、讨论

简述种子准备过程。

（伏兵哲）

实验 37 牧草与草坪草育种田间规划及播种

一、实验目的

使学生了解田间规划方法，掌握试验小区播种技术。

二、实验原理

田间试验是农业科学试验的一个基本方法，从试验目的的确定、试验方案的设计、试验地的规划、观察记载、误差处理及试验结果的分析总结等都有其特定的科学方法，只有掌握了上述各个环节的科学方法，才能提高科学试验的质量，使其起到指导生产的作用。

三、实验材料与用具

1. 材料 分装及编号后的种子、化肥。

2. 用具 测绳、皮尺、木桩、铁锤、直角仪、划印器或镐头、小区田间排列图、铅笔、记录本、播种尺等。

四、实验内容

1. 播种前试验地准备。
2. 田间试验小区规划。
3. 试验小区播种。

五、实验方法与步骤

（一）播种前试验地准备

试验地在进行规划前应做好充分准备，以保证各处理有较为一致的环境条件。

1. 试验地要求 为减少土壤肥力差异对试验的影响，试验地规划前需要种植 1~2 季均匀一致的作物，进行合理的轮作换茬。

2. 整地和施肥 一般试验地在试验前须进行整地和施肥。整地要耕深一致，耙匀耙平；整地方向应与小区的长边垂直，使每一区组内各小区的整地质量基本相同；整地区域可延伸出试验区边界 1~2 m，整地要求在一天内完成。整地时结合施肥，基肥施用数量应相同，最好采用分格分量方法施用，以均匀施肥，并且尽量在较短时间内施完。

（二）田间试验小区规划

试验地准备工作完成后，即可按田间试验计划进行规划。具体规划步骤如下。

1. 认真阅读田间试验布置图 弄清比例和小区、区组的布置，换算好有关长度数据，记录在图纸反面。然后实际勘察试验地地势地貌，确定田间实际布置朝向。

2. 画基准线 先用测绳和镐头在试验地的一侧画出第一条基准线，此线可与地边的道、渠等平行，并至少离田边 2 m，以供设置走道和保护行之用。根据勾股定理画出与第一条基准线垂直的第二条基准线。再用同样的方法画出第三和第四条基准线，从而画定试验地的四周边界。图 37-1 所示第一条基准线位于试验地南端，东西走向。

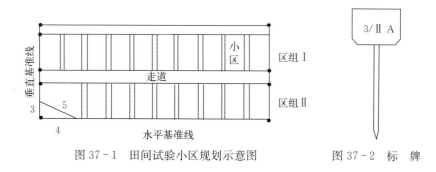

图 37-1 田间试验小区规划示意图　　　图 37-2 标　牌

3. 打桩定点 根据试验设计的小区长度和走道宽度，以垂直基准线与水平基准线的交点为起点，沿着垂直基准线丈量过去，打桩定点。

4. 确定整个试验区域内的区组位置 将两条垂直基准线上的对应木桩系绳拉直，确定区组、走道和保护行的位置。图 37-1 所示为试验地水平基准线、垂直基准线和区组、走道的确定。

5. 确定小区位置和面积 按小区长宽尺寸确定小区位置和面积，并在每个小区的第一行前面插上标牌。一般在标牌上写明区组号（常用罗马数字表示）、小区号和处理名称（或代号）。如图 37-2 的标牌表示为第二区组第 3 个小区，处理的名称或代号为 A。标牌在播种（或移栽）前插下，直到收获，一直保留于田间。标牌必须字迹清楚，位置准确。

6. 插标牌 试验前必须将整个试验所需的标牌写好。一般一个小区须插一个标牌，在标牌上按试验计划的小区或行号用油性笔写上代号。插标牌时正面要面向过道，以便观察。播种前应根据计划将标牌全部从较小编号开始插好并校对一次。

（三）试验小区播种

1. 人工播种

（1）先按小区顺序将种子袋一一排列，每一个重复的放在一起，然后对号入座，将种子依次放在各小区边上。排列完毕，经与种植简图核对无误时，方可播种。

（2）按规定的行距划行，人工开沟，沟要开得平直、深浅一致、深度和长度均达到规划要求。

（3）将种子倒在瓷盘或纸上，根据小区播种的行数，将种子分成均匀的几份，每份种子播种一行。手撒时要尽量均匀。播完后复土耙平，将种子袋压在小区头上。全部试验小区播完之后，收回纸袋。在收纸袋过程中，要与计划书逐一进行核对，如果发现错误，记入计划书中，以免混乱。

（4）同一试验圃要求在同一天播完，至少同一重复各小区要在同一天内播完。

2. 移栽 对于种子量少或需要移栽的，可进行育苗移栽。育苗时按育苗技术要求作业。

（1）运苗时要防止发生差错，最好用塑料牌或其他标志物标明试验处理或品种代号，随秧苗分送到各小区，经过核对后再移栽。

（2）取苗时要挑选大小均匀的秧苗，以降低试验材料的误差。如果秧苗不能完全一致，则可分等级按比例等量分配于各小区中，以减少小区间差异。

（3）移栽时要按照预定的行距和穴距进行，保证达到规定的密度，使所有秧苗保持相等的营养面积。移栽后多余的秧苗可留在小区的一端，以备补栽。

（4）整个试验区或一个试验圃应在一天内移栽完，以降低因播期不同带来的试验误差。

六、实验结果与分析

根据田间材料种植情况画出田间种植图，并记录好每个种植小区的播种日期、播种量、出苗时间、出苗率等信息。

七、讨论

如果试验地土壤养分不一致或地块不规则，田间试验小区应该如何规划？

（伏兵哲　郭郁频）

实验 38　野生牧草与草坪草引种试验

一、实验目的

使学生通过对野生牧草与草坪草种质材料的收集整理、引种试验设计、生长情况观测以及适应性和生产性能评价，掌握野生牧草与草坪草的引种试验基本方法。

二、实验原理

野生牧草与草坪草是经长期自然选择保存下来的草种，具有适应性好、抗逆性强等优点，能够在风土较差的条件下生存繁殖并获得一定产量，这正是天然草地补播、生态修复、边坡绿化、水土保持等都需要的草种。

将野生牧草与草坪草进行人工栽培改变了牧草与草坪草的生存环境。在新的环境条件下，凡能适应新环境并取得满意结果的，即认为引种成功。凡不能适应或不完全适应新环境的植物，在人工培育和一定措施条件下，经过几个种植世代后，也逐渐适应了新环境，能正常生长发育、开花结实、繁殖后代并能保持原种的特性，这就是引种驯化。因此，对初引进或者采集的野生牧草与草坪草必须结合当地水文地理环境以及气候特点先在小面积上开展引种适应性试验。

三、实验材料与用具

1. 材料　野生的牧草与草坪草种质材料。
2. 用具　开沟器、卷尺、插地牌、铲子、铁锹等。

四、实验内容

1. 野生草种的选择与采集。
2. 引种试验。

五、实验方法与步骤

（一）野生草种的选择与采集

1. 应选择适合生产利用的草种，总的要求是适应性好、茎叶繁茂、产量高、家畜喜食、适口性好、营养丰富。

2. 适合本地区对抗性的要求，如抗寒、抗旱、抗盐碱、抗酸、抗风沙等。

3. 满足不同需求，如刈割草种要求株体高、茎叶多、再生好；放牧草种要求株体不高、再生速度快、根系发达耐践踏。还有其他用途如水土保持、覆盖地面、减少蒸发等。

4. 采种数量应尽量多一些，而且应该包括不同类型的植株，使采集的种子具有代表性。

（二）引种试验

1. 引种试验设计与田间播种　参照实验 37 牧草与草坪草育种田间规划与播种。

2. 野生牧草与草坪草生长发育状况的记载和测定

（1）生育期　观察记载出苗（返青）期、开花期、成熟期等生育时期，了解引种材料能否完成生育周期。

（2）形态特征　观察野生牧草与草坪草的株型，叶、茎、花、果实、种子的形态特征，了解形态变异情况。

（3）生产性能　测定单位面积植株数、分蘖数、株高、鲜草重、干草产量、茎叶比、种子产量等。

（4）饲用价值　测定干草的干物质、粗蛋白质、粗纤维、粗脂肪、粗灰分、无氮浸出物、钙和磷 8 大营养成分，测定适口性、消化率、有毒有害成分。

（5）病虫害　观察各种病虫害的危害情况。

（6）抗性及其他　观测抗旱、耐盐、耐旱、耐涝、耐阴、观赏等特性。

六、实验结果与分析

根据实验观测结果填写表 38-1，进行评价。

表 38-1　野生牧草与草坪草引种试验记载表

材料编号	生育期	形态特征		生产性能				饲用价值				病虫害	抗性及其他	评价结果
		株型	叶、茎、花、果实等	分蘖数	干草产量	茎叶比	种子产量	营养成分	适口性	消化率	有毒有害成分			

七、讨论

1. 野生牧草与草坪草和栽培牧草与草坪草相比有何优缺点？

2. 引种试验发现某一野生牧草或草坪草存在 1～2 个缺陷时，应该怎么办？

（郭郁频　伏兵哲）

实验 39　牧草与草坪草候选材料筛选

一、实验目的

根据制订的育种目标，学习牧草与草坪草育种候选材料选择的基本方法。

二、实验原理

以育种目标的各项指标为基础数据，结合相关统计分析原理即可分析出目标性状的育种价值。

三、实验材料与用具

1. 材料　各类牧草与草坪草的杂交后代（$F_1 \sim F_6$）及其亲本、自交系等。

2. 用具　计算机、各类测定工具和统计软件等。

四、实验内容

1. 根据育种目标，进行相关指标采样。
2. 根据目标性状确定选择方法。
3. 进行相关统计学分析。
4. 确认目标性状的育种价值。

五、实验方法与步骤

（一）农艺性状数据采集

农艺性状数据采集参考实验 1 牧草与草坪草种质资源农艺性状鉴定，抗逆性、品质及坪用性状可参考实验 15 牧草与草坪草抗旱性鉴定、实验 16 牧草与草坪草耐盐性鉴定、实验 17 牧草与草坪草抗虫性鉴定、实验 18 牧草与草坪草抗病性鉴定、实验 19 牧草品质鉴定以及实验 20 草坪草坪用性状鉴定。

（二）数据统计分析

在具有多个筛选性状 X_1，$X_2 \cdots X_n$ 的情况下，利用以下公式计算育种值及其选择指数，从中筛选育种的候选材料。

1. 算数平均数计算

$$\overline{X} = \left(\sum_{i=1}^{n} X_i \right) \div n$$

2. 遗传率估算

全同胞材料：$h^2 = 4V_r = 4\dfrac{MS_B + MS_W}{MS_B + (n_0 - 1)MS_W}$。其中 V_r 为组内相关系数；n_0 为加权次数。

半同胞材料：$h^2 = 2V_r = 2\dfrac{MS_B + MS_W}{MS_B + (n_0 - 1)MS_W}$。

亲子材料：$h^2 = 2b = 2 \times \dfrac{SP_{(xy)}}{SS_{W(xy)}}$。其中 b 为回归系数。

3. 育种值估算

$$EBV（育种值）= h^2_{(n)} \cdot \left[\overline{P}_{(n)} - \overline{P}\right]$$

式中，$h^2_{(n)}$ 为加权遗传率〔计算公式为 $h^2_{(n)} = \dfrac{n \cdot V_A \cdot h^2}{1 + (n-1)V_P}$，$n$ 为样本数，V_A 为被估个体与资料个体间的遗传关系，V_P 为测定值之间的表型相关系数〕；$\overline{P}_{(n)}$ 为种用个体均值；$\overline{P}$ 为种用个体所在群体均值。

4. 综合选择指数的计算

$$I = \sum_{i=1}^{n} w_i h_i^2 \frac{P_i}{\overline{P}_i}$$

式中，w_i 为经济权重，且 $\displaystyle\sum_{i=1}^{n} |w_i| = 1$；$P_i$ 为第 i 个性状的个体表型值；h_i^2 为狭义遗传率；$\overline{P}_i$ 为第 i 个性状群体平均表型值。

（三）确定目标材料

根据计算结果确定选育品种的目标材料。

六、实验结果与分析

根据实验结果完成表 39 - 1。

表 39 - 1　不同育种材料的相关遗传数据值

材料	遗传率	育种值	综合选择指数	评价结果
1				
2				
3				
⋮				

七、讨论

1. 育种值受哪些因素影响?
2. 选择指数受哪些因素制约? 对目标性状及选种有何意义?

（高景慧）

实验40　牧草与草坪草育种材料的室内考种

一、实验目的

掌握和了解牧草与草坪草形态特征变化，从中发现有育种价值的目标性状；使学生在考种中了解品种的特征和典型性状，加深对品种属性的理解，提高田间相关性状的选择能力。

二、实验原理

不同品种或筛选材料在形态特征上各具特点，其遗传背景下表型的差异成为考种的科学依据。

三、实验材料与用具

1. 材料　初花期和种子完熟期收获的各类牧草与草坪草的茎叶和籽实。

2. 用具　游标卡尺、3 m 卷尺、电子天平（精度 0.01 g）、剪刀、样品袋、计算器等。

四、实验内容

1. 田间取样。
2. 室内考种。
3. 数据分析。

五、实验方法与步骤

1. 田间取样　牧草与草坪草种子成熟或刈割前几天，在田间选择生长健壮、无病虫害的优良单株，每个材料选 10～20 株，选好每个单株捆在一起，拴好纸牌，标明采集地点、日期、品种名称及选择人，带回实验室进行室内考种。

2. 室内考种　把样本带回室内，逐一进行考种，豆科牧草与草坪草按照表 40 - 1、禾本科牧草与草坪草按照表 40 - 2 的考种项目进行，考种顺序是先测株高、称全株重，然后根据考种项目剪下植株各部分，按顺序进行考种，记载在表 40 - 1 和表 40 - 2。

3. 数据分析　分析方法参照实验 41 牧草与草坪草品比及区域试验设计和

数据分析。

六、实验结果与分析

每份材料取 10～20 株均值，不同品种间进行邓肯氏多重比较分析。

七、讨论

1. 不同品种形态上的差异来源是什么？对品种有什么影响？

2. 品种的特异性、一致性、稳定性与形态上变化的关系是什么？

表40-1 豆科牧草与草坪草室内考种项目

材料名：_____ 小区号：_____ 重复：_____ 调查时间：_____ 考种人：_____

项目	1	2	3	4	5	6	7	8	9	10	11	12	13	14	15	16	17	18	19	20	平均
株高 (cm)																					
分枝 (个)																					
侧枝数 (二级分枝)																					
侧枝长度 (cm)																					
分枝节间数 (个)																					
侧枝节间数 (个)																					
主枝茎粗 (mm)																					
侧枝茎粗 (mm)																					
叶长 (cm)																					
叶宽 (cm)																					
主茎第一花序位置　在第几叶节																					
主茎第一花序位置　花梗长 (cm)																					
主茎第一花序位置　花序长 (cm)																					
主茎第一花序位置　小花数 (个)																					
主茎第一花序位置　结荚数 (个)																					
单株种子重 (g)																					
种子成熟率 (%)																					
干粒重 (g)																					
单株鲜重 (g)																					
单株干重 (g)																					
茎叶比																					
备注																					

表 40－2　禾本科牧草与草坪草室内考种项目

材料名：　　　　小区号：　　　　重复：　　　　调查时间：　　　　考种人：

株号	单株重		株型		植株分蘖		叶部					茎部				穗部											种子			备注
株号	鲜重(g)	干重(g)	直立	匍匐	有效分蘖数(个)	无效分蘖数(个)	叶片数(片)	叶片长度(cm)	叶片宽度(cm)	叶片重(g) 鲜重	叶片重 干重	茎叶比	茎重(g)	芒 有 无	芒 长度(cm)	穗长(cm)	穗宽(cm)	穗重(g)	每穗节数(个)	每节小穗数(个)	每小穗花数(个) 可育	每小穗花数 不育	每穗花数(个) 可育	每穗花数 不育	每穗种子数(粒)	结实率(%)	长度(cm)	宽度(cm)	千粒重(g)	备注

（高景慧）

实验 41　牧草与草坪草品比及区域试验设计和数据分析

一、实验目的

了解品比试验和区域试验的意义，学习品比试验和区域试验的基本方法和设计原理，初步掌握品比与区域试验的设计方法和要求，学会试验资料的整理、数据的收集、结果的统计分析及总结报告的撰写。

二、实验原理

品种比较试验简称品比，是育种单位在一系列育种工作中最后的一个重要环节。一般由育种者将选育出的新品系进行种植，并参照对照品种对其做最后的全面评价，选出显著优于对照品种的优良新品种。品比试验是区域试验和生产试验的前提。品比试验需要对供试品系进行细致的田间观察、室内分析和试验小区的产量测定，以取得对各供试品种（系）进行科学评价的必要资料，其中包括试验的实施过程、栽培管理水平、试验期间的气候条件、主要的农艺性状等数据。最后运用生物统计方法对数据进行处理，以明确各品种的产量差异及在不同地区的丰产性，以便客观评价供试品种。

区域试验是为确定草品种的适宜栽培区域而进行的多个地点的联合试验。通过区域试验可以进一步鉴定新品种的主要特征特性，确定新品种的适宜种植区域，以便推广应用。区域试验是品种审定和推广的基础，其与品比试验相类似，但区域试验主要由指定的区域试验点完成。因此，本试验以学习品比试验方法为主。

三、实验材料与用具

1. 材料　紫花苜蓿、黑麦草、早熟禾、高羊茅或燕麦等牧草与草坪草，列出几个新品种或新品系及 2 个对照品种。

2. 用具　品比试验田，设计用的绘图纸、绘图笔、橡皮、各种统计表格、计算器或计算机、各类尺子等。

四、实验内容

1. 品比试验设计。

2. 试验结果的统计与分析。

五、实验方法与步骤

（一）品比试验设计

1. 试验地测量与要求　到田间对试验地进行实地观察与测量，记录其形状、长、宽及总面积等。试验地要有代表性，在气候、地形、土壤类型、土壤肥力、生产条件等方面，都要尽可能地代表试验所服务的大田。尽可能要求地势平坦、形状整齐。土壤肥力要求均匀一致，尽量减少试验误差。

2. 田间试验设计　根据试验地条件、供试新品种或新品系数量，对小区排列等进行具体设计。

（1）小区设计　包括小区面积、小区形状、重复次数、对照的设置、保护行的设置、重复区和小区的排列等，并绘出田间定植图。

一个小区种植一个品种，小区面积根据草种确定，一般矮秆窄行条播牧草试验小区面积为 $15 \sim 20 \text{ m}^2$，高秆宽行条播牧草试验小区面积为 $30 \sim 40 \text{ m}^2$，草坪草和观赏草试验小区面积为 $4 \sim 8 \text{ m}^2$。试验小区形状可分为长方形和正方形两种，其中长方形小区可以获得较大的精确性，特别是在试验田的土壤肥力不均匀时尤为明显。一般重复 $3 \sim 5$ 次。品比试验还应设计试验年限，一般一年生和二年生品种试验时间不少于 2 个生产周期，多年生草品种试验时间不少于 3 个生产周期，多年生灌木品种试验时间不少于 4 个生产周期。

（2）试验小区排列　一般采用随机区组设计，即先划分成几个区组，例如某一个试验共包含 8 个品种，重复 4 次，该试验就有 4 个区组，每一区组包含所有 8 个品种。区组内各个品种小区的排列是随机的，即每个品种都有同等的机会被放置在区组内的任何位置上，如表 41-1 所示。

表 41-1　随机排列

		保护行							
Ⅰ	保护行	5	7	1	3	8	6	2	4	保护行
Ⅱ		1	6	4	5	8	7	3	2	
Ⅲ		2	5	1	4	3	6	8	7	
Ⅳ		5	2	8	7	4	3	1	6	
		保护行							

注：Ⅰ，Ⅱ…为区组号；1，2，3…为品种代号。

（3）保护行的设置及其他　为了保证试验的安全和精确性，在每个区组的两旁、整个试验地的两端或四周，种植几行与对照相同的品种，称作保护行。

在区组间需要设置走道，小区间可以不设置走道。试验田周围的保护行还应适当地设进出走道。

（4）田间管理　试验地耕作方法、施肥水平、播种方式、种植密度及栽培管理技术接近或相同于大田条件，并注意做到全田管理措施一致。

3. 试验调查设计　包括调查的项目、时期和方法。其中，调查项目应具体明确，需要包括生育期、形态性状、主要经济性状、抗性表现等。具体的调查时期要根据不同植物进行设计，一般安排在主要植物学性状和主要经济学性状已充分表现的时期。抗性调查最好在灾害发生的时期。参照表41-2和表41-3。

表41-2　禾本科牧草与草坪草田间观测记载

试验地点：_____　草种名称：_____　试验年份：_____　观测人：_____

小区编号	品种名称	播种期	出苗期（返青期）	分蘖期	拔节期	孕穗期	抽穗期	抽穗期株高（cm）	开花期	成熟期			完熟期株高（cm）	生育天数（d）	枯黄期	生长天数（d）	越冬（夏）率（%）	抗逆表现	抗病虫表现
										乳熟	蜡熟	完熟							

注：物候期以日/月标注。抗逆表现和抗病虫表现均用文字描述。

表41-3　豆科牧草与草坪草田间观测记载

试验地点：_____　草种名称：_____　试验年份：_____　观测人：_____

小区编号	品种名称	播种期	出苗期（返青期）	分枝期	现蕾期	现蕾期株高（cm）	开花期		初花期株高（cm）	结荚期	成熟期	成熟期株高（cm）	生育天数（d）	枯黄期	生长天数（d）	越冬（夏）率（%）	根颈入土深度（cm）	根颈直径（cm）	抗逆表现	抗病虫表现
							初花	盛花												

注：物候期以日/月标注。抗逆表现和抗病虫表现均用文字描述。

（二）试验结果的统计分析

1. 资料整理　应及时整理试验实施的基本情况、田间观察和测产资料，以便对有关数据进行仔细检查和核对。如发现个别资料特殊，数据明显偏高或偏低，应及时复查更正，不能凭主观意愿随意取舍或更改试验资料。

2. 试验数据处理　在品比试验中各小区产量（或其他性质）的差异是受 3 个主要因素影响造成的，即品种本身的差异、每一重复存在的不同土壤肥力的差异、偶然的误差。随机排列设计的品比试验结果可以用方差分析法进行分析，用方差来度量各种因素引起的变异，并通过该分析方法比较参试品种间差异是否显著。

如果 n 个处理〔包括参试品种（系）和对照品种（系）共 n 个〕，重复 k 次，即试验小区总数 $N=nk$，分析方法步骤如下。

（1）列出品比试验产量　列出品比试验产量结果于表 41-4。

表 41-4　品比试验产量结果表（kg/小区）

处理（品种名称）	区组（小区产量）						处理和（T_i）	品种小区平均产量（X_i）
	区组 1	区组 2	区组 3	区组 4	…	区组 k		
CK（对照）								
1								
2								
3								
4								
5								
⋮								
n								
区组和（T_j）								

（2）自由度和平方和的分解

①自由度的分解

$$总自由度\ \mathrm{d}f = nk - 1$$
$$区组间自由度\ \mathrm{d}f = k - 1$$
$$品种间自由度\ \mathrm{d}f = n - 1$$
$$误差自由度\ \mathrm{d}f = (n-1)(k-1)$$

式中，n 为品种数（处理数）；k 为区组数。

②平方和的分解

$$矫正数（C）= 各小区产量总和的平方/全试验小区数$$
$$= \left(\sum X\right)^2 / nk = T^2 / nk$$

$$总平方和 = 各小区产量平方的总和 - 矫正数$$
$$= \sum X^2 - C$$

区组间平方和＝各区组间和的平方的总和/每一区组内的品种数－矫正数

$$= \sum (T_j)^2/n - C$$

品种间平方和＝各品种和的平方的总和/每一品种所占的区组数－矫正数

$$= \sum (T_i)^2/k - C$$

误差平方和＝总平方和－区组间平方和－品种间平方和

（3）F 检验

$$区组间均方＝区组间平方和/区组间自由度$$
$$品种间均方＝品种间平方和/品种间自由度$$
$$误差均方＝误差平方和/误差自由度$$
$$区组间 F 值＝区组间均方/误差均方$$
$$品种间 F 值＝品种间均方/误差均方$$

查 F 值表可知 $\alpha = 0.05$ 和 $\alpha = 0.01$ 下 F 值，将上述计算结果填入表 41-5。

表 41-5　品种比较试验产量方差分析表

变异来源	自由度（df）	平方和（SS）	均方（MS）	F 值	$F_{0.05}$	$F_{0.01}$
区组间						
品种间						
误差						
总和						

（4）多重比较　如果计算所得品种间的 F 值大于 $F_{0.05}$ 值（或 $F_{0.01}$ 值），说明品种间差异显著（或极显著），应进一步进行品种间的多重比较。多重比较的方法有 Fisher 保护最小显著差数（PLSD）法、邓肯氏新复极差法（SSR）和 Q 值法。现分别以 PLSD 法和 SSR 法为例说明多重比较的方法。

① Fisher 保护最小显著差数法

a. 列出产量差异分析表：以平均产量从高到低的顺序，将参试品种名称填入表 41-6 中的（1）列品种栏；表的（2）列是对应的各品种的平均产量；（3）列是品种 1 的平均产量与其他 $n-1$ 个品种平均产量的差；（4）列是品种 $n-2$ 的平均产量与其他 4 个品种平均产量的差；依次类推。

b. 计算各品种平均产量差异显著最低标准：

$$PLSD_{0.05} = t_{0.05} \sqrt{\frac{2MS_e}{n}}$$

$$PLSD_{0.01} = t_{0.01} \sqrt{\frac{2MS_e}{n}}$$

式中，$PLSD_{0.05}$ 和 $PLSD_{0.01}$ 分别为在 5% 和 1% 显著标准时的产量差异显著的最低标准；MS_e 为误差均方，由表 41-5 中查得；$t_{0.05}$ 和 $t_{0.01}$ 值从 t 值表中查得，其自由度为 $(n-1)(k-1)$。

表 41-6　品种比较试验产量（其他性状）的多重比较分析表

品种 (1)	平均产量（kg/小区） (2)	品种间平均数的差及差异显著性						
		(3)	(4)	(5)	(6)	(7)	⋯	$(n+2)$
CK								
1								
2								
3								
4								
5								
⋮								
n								

c. 差异显著性比较：用差异显著最低标准衡量各品种两两之间产量平均数的差异显著性。若两个平均数之间的差异大于 $PLSD_{0.05}$，则表明差异显著；差异大于 $PLSD_{0.01}$，则表明差异极显著；差异小于 $PLSD_{0.05}$，则差异不显著。用一个星号"$*$"表示差异显著，两个星号"$**$"表示差异极显著，并标于每个差值的右上角；若两个均数之差不显著，则不标任何符号。

② 邓肯氏新复极差法

a. 列出产量差异分析表（同表 41-6）。

b. 计算各品种平均产量差异显著最低标准：

首先计算出平均数标准误差 $S_{\bar{x}}$：

$$S_{\bar{x}} = \sqrt{\frac{MS_e}{n}}$$

根据误差的自由度（df_e）查 SSR 值表，得出 $K=2, 3 \cdots$ 时的 SSR 值。这里 K 为平均数的秩次距，即指平均数由大到小排列后，某两平均数间所包含的平均数的个数（含此两个平均数）。再根据以下公式，计算出各个 K 下产量差异显著最低标准的 R_α 值。

$$R_{0.05} = S_{\bar{x}} \times SSR_{0.05}$$
$$R_{0.01} = S_{\bar{x}} \times SSR_{0.01}$$

c. 差异显著性比较：如果平均数差数大于等于相应秩次距下的 R_α，则达到 α 水平上的显著，若小于 R_α，则差异不显著。多重比较的结果可用字母标记法表示。字母标记法可按如下方法进行：先将全部平均数从大到小顺序排列，在最大的平均数上标上字母 a，并将该平均数依次和其以下各平均数相比，凡差异不显著的都标字母 a，直至某一个与之相差显著的平均数则标以字母 b。再以该标有 b 的平均数为标准，与上方各个比它大的平均数比较，凡不显著的也一律标以字母 b；再以标有 b 的最大平均数为标准，与以下各未标记的平均数比较，凡不显著的继续标以字母 b，直至某一个与之相差显著的平均数则标以字母 c……如此重复下去，直至最小的一个平均数有了标记字母为止。这样各平均数间，凡有一个相同标记字母的即为差异不显著，凡具不同标记字母的即为差异显著。在实际应用时，一般以大写字母 A、B、C…表示 $\alpha=0.01$ 显著水平，以小写字母 a、b、c…表示 $\alpha=0.05$ 显著水平。

六、实验结果与分析

根据试验结果写出品比试验报告。一般包括以下几方面：试验目的；供试品种的来源及选育单位；试验设计、实施及栽培管理和气候条件说明；试验结果及对供试品种的评价；试验存在的问题等。

七、讨论

1. 结合具体的品比试验进行田间主要性状调查记载和测产，并对试验数据进行方差分析和品种间产量差异显著性检验，写出试验总结报告。

2. 哪些因素可能影响品比及区域试验的精确性？在实际工作中应注意哪些问题？

（赵丽丽）

参考文献

奥斯伯，2008. 精编分子生物学实验指南 [M]. 金由辛，等，译. 北京：科学出版社.

陈裕祥，杰布，拉巴，等，2004. 优质牧草引种扩大中间试验综合利用研究报告 [J]. 西藏科技 (7)：37-45.

丁成龙，顾洪如，2002. 美洲狼尾草不育系 Tift85DA4 的改进及其种间杂交制种技术研究 [J]. 中国草地，24 (5)：29-32.

郜金荣，2015. 分子生物学实验指导 [M]. 北京：化学工业出版社.

郭仰东，2009. 植物细胞组织培养实验教程 [M]. 北京：中国农业大学出版社.

郭仰东，2015. 植物生物技术实验教程 [M]. 北京：中国农业大学出版社.

郭振飞，2011. 牧草生物技术 [M]. 北京：中国农业大学出版社.

国际种子检验协会 (ISTA)，1980. 国际种子检验规程 [M]. 北京：技术标准出版社.

韩微波，张月学，唐凤兰，等，2010. 我国牧草诱变育种研究进展 [J]. 核农学报，24 (1)：62-66.

侯留飞，乔安海，2017. 国家草品种区域试验存在的问题及对策 [J]. 畜牧与饲料科学，38 (1)：50-51.

黄留玉，2011. PCR 最新技术原理、方法及应用 [M]. 2 版. 北京：化学工业出版社.

霍雅馨，2014. 紫花苜蓿 EMS 突变体库构建和抗除草剂筛选 [D]. 兰州：兰州大学.

李红，石凤翎，崔秀萍，2003. 苜蓿雄性不育系花柱与柱头形态结构观察研究 [J]. 内蒙古大学学报 (自然科学版)，24 (4)：17-21.

李家丽，高雪，王秀华，等，2016. 高羊茅 EST-SSR 标记开发及遗传多样性分析 [J]. 园艺学报，43 (12)：2401-2411.

李莉，吴永洁，王元素，2017. 基于 SSR 标记的贵州野生白三叶遗传多样性分析 [J]. 种子，36 (11)：4-9.

刘小利，顾文毅，2008. 几种野生草坪植物引种驯化试验研究 [J]. 青海农林科技 (1)：53-54.

龙瑞军，姚拓，2004. 草坪科学实习试验指导 [M]. 北京：中国农业出版社.

马建华，魏淑花，张洪英，等，2016. 宁夏主栽苜蓿品种 (系) 对豌豆蚜的抗性评价 [J]. 草业学报，25 (6)：190-197.

米福贵，王桂花，云锦凤，等，2010. 牧草基因工程技术 [M]. 北京：科学出版社.

米福贵，云锦凤，2001. 牧草及饲料作物育种学实验指导 [M]. 呼和浩特：内蒙古大学出版社.

彭尽晖，张良波，彭晓英，2004. 秋水仙素在植物倍性育种中的应用进展 [J]. 湖南林业科技，31 (5)：22-25.

祁星民，2018. 青海省环湖地区禾本科牧草引种试验报告 [J]. 当代畜牧 (23)：62-63.

强海平，余国辉，刘海泉，等，2014. 基于 SSR 标记的中美紫花苜蓿品种遗传多样性研究
　［J］. 中国农业科学，47（14）：2853 - 2862.

曲涛，南志标，2008. 作物和牧草对干旱胁迫的响应及机理研究进展［J］. 草业学报，17
　（2）：126 - 135.

萨姆布鲁克，拉塞尔，2008. 分子克隆实验指南精编版［M］. 黄培堂，等，译. 北京：化
　学工业出版社.

单国燕，郑金龙，高建明，等，2014. 柱花草花药离体培养研究［J］. 热带农业科学，34
　（4）：36 - 41.

申书兴，2011. 园艺植物育种学实验指导［M］. 北京：中国农业大学出版社.

孙群，胡景江，2006. 植物生理学研究技术［M］. 杨陵：西北农林科技大学出版社.

唐伟，2012. 紫花苜蓿花药离体培养的预处理方法研究［D］. 重庆：西南大学.

田纪春，等，2015. 小麦主要性状的遗传解析及分子标记辅助育种［M］. 北京：科学出版
　社.

王宇，2014. 几种牧草再生体系和遗传转化体系的优化［D］. 兰州：兰州大学.

王志勇，郭海林，刘建秀，2007. 正交设计优化狗牙根 SSR-PCR 反应体系［J］. 分子植物
　育种（F11）：201 - 206.

吴佳海，刘正书，牟琼，2004. 高羊茅雄性不育系的发现及初步鉴定［J］. 种子（5）：78 - 80.

谢文刚，张新全，彭燕，等，2008. 鸭茅 SSR-PCR 反应体系优化及引物筛选［J］. 分子植
　物育种，6（2）：381 - 386.

谢文刚，张俊超，王彦荣，等，2017. 一种老芒麦品种或品系鉴定的特异性引物、试剂盒
　和其在鉴定老芒麦品种或品系中的应用：201410712070. X［P］.05 - 31.

徐舶，2020. 苜蓿单倍体培育及其杂种优势分析［D］. 呼和浩特：内蒙古农业大学.

徐鹏，2019. 利用 CRISPR/Cas9 基因编辑技术定向改良水稻稻瘟病抗性［D］. 北京：中国
　农业科学院.

许蕾，陈佩琳，冯光燕，2019. 利用流式细胞仪鉴定鸭茅倍性［J］. 草业学报，28（3）：74 - 84.

许兴泽，赵桂琴，柴继宽，等，2018. 秋水仙素对二倍体燕麦的诱变效果［J］. 草业科学，
　35（11）：2631 - 2640.

姚建，董振辉，马雪西，等，2015. 一种基于免费在线工具的定量 PCR 引物设计方法［J］.
　基因组学与应用生物学，34（12）：2779 - 2784.

鱼小军，2018. 饲草学实验实习指导［M］. 北京：中国林业出版社.

云锦凤，2016. 牧草及饲料作物育种学［M］.2 版. 北京：中国农业出版社.

张翠梅，师尚礼，刘珍，等，2019. 干旱胁迫对不同抗旱性苜蓿品种根系形态及解剖结构
　的影响［J］. 草业学报，28（5）：79 - 89.

张俊超，谢文刚，赵旭红，等，2017. 利用 EST-SSR 标记构建国内老芒麦品种 DNA 指纹
　图谱及遗传多样性研究［J］. 草业科学，34（10）：2052 - 2062.

张倩云，王莹，杜玉梁，2014. 植物胚拯救技术的影响因素及其应用［J］. 南京林业大学学
　报（自然科学版），38（5）：143 - 148.

张惟材，2013. 生物实验室系列实时荧光定量 PCR [M]. 北京：化学工业出版社.

张志强，2016. 紫花苜蓿 MsZEP 基因的克隆及功能研究 [D]. 杨陵：西北农林科技大学.

赵林姝，刘录祥，2017. 农作物辐射诱变育种研究进展 [J]. 激光生物学报，26（6）：481 - 489.

赵欣欣，张新全，苗佳敏，等，2013. 多花黑麦草杂交种 SSR 分子标记鉴定及表型比较分析 [J]. 农业生物技术学报，21（7）：811 - 819.

赵闫闫，喻凤，李媛，等，2016. 18 个早熟禾品种 SSR 指纹图谱的构建 [J]. 草原与草坪，36（1）：31 - 34.

周传恩，夏光敏，2005. 小麦远缘杂交胚拯救技术 [J]. 麦类作物学报，25（3）：88 - 92.

周璐璐，伏兵哲，许冬梅，等，2016. 两种化学诱变剂对沙芦草染色体的加倍效果 [J]. 草业科学，33（5）：897 - 906.

Benjamini Y，Hochberg Y，1995. Controlling the false discovery rate：a practical and powerful approach to multiple testing [J]. Journal of the Royal Statistical Society：Series B (Methodological)，57（1）：289 - 300.

Bradbury P J，Zhang Z，Kroon D E，et al.，2007. TASSEL：software for association mapping of complex traits in diverse samples [J]. Bioinformatics，23（19）：2633 - 2635.

Charpentier E，Doudna J A，2013. Rewriting a genome [J]. Nature，495（7439）：50 - 51.

Elshire R J，Glaubitz J C，Sun Q，et al.，2011. A robust，simple genotyping-by-sequencing (GBS) approach for high diversity species [J]. PLoS ONE，6（5）：e19379.

Erik G，Gabor M，2012. Haplotype-based variant detection from short-read sequencing [J]. arXiv：1207，3907.

James W C，1971. An illustrated series of assessment keys for plant diseases，their preparation and usage [J]. Canadian plant disease survey，51（2）：39 - 65.

Li H，Durbin R，2009. Fast and accurate short read alignment with Burrows-Wheeler transform [J]. Bioinformatics，25（14）：1754 - 1760.

Liu X P，Hawkins C，Peel M D，et al.，2019. Genetic loci associated with salt tolerance in advanced breeding populations of tetraploid alfalfa using genome-wide association studies [J]. The Plant Genome，12（1）：1 - 13.

Shu Q Y，Forster B P，Nakagawa H，2012. Plant mutation breeding biotechnology [M]. Wallingford：CABI Publishing.

Zhao X，Zhang J，Zhang Z，2017. Hybrid identification and genetic variation of Elymus sibiricus hybrid populations using EST-SSR markers [J]. Hereditas，154（1）：15.

图书在版编目（CIP）数据

牧草与草坪草育种学实验实习指导／伏兵哲主编．
—北京：中国农业出版社，2021.6
全国高等农林院校"十三五"规划教材
ISBN 978-7-109-28396-1

Ⅰ.①牧…　Ⅱ.①伏…　Ⅲ.①牧草－育种方法－高等
学校－教材②草坪草－育种方法－高等学校－教材　Ⅳ.
①S540.41②S688.403.6

中国版本图书馆 CIP 数据核字（2021）第 120412 号

中国农业出版社出版

地址：北京市朝阳区麦子店街 18 号楼
邮编：100125
责任编辑：何　微　　文字编辑：李瑞婷
版式设计：王　晨　　责任校对：吴丽婷
印刷：北京中兴印刷有限公司
版次：2021 年 6 月第 1 版
印次：2021 年 6 月北京第 1 次印刷
发行：新华书店北京发行所
开本：720mm×960mm　1/16
印张：10.75
字数：200 千字
定价：26.50 元

版权所有·侵权必究

凡购买本社图书，如有印装质量问题，我社负责调换。

服务电话：010-59195115　010-59194918